알기쉬운

동물실험 가이드

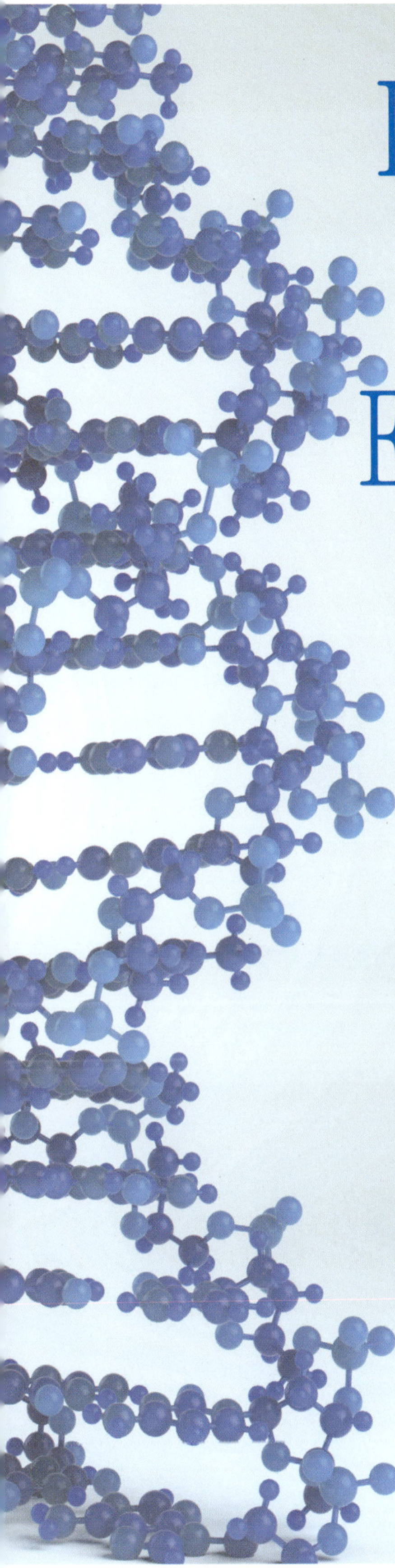

LABORATORY ANIMAL EXPERIMENTS

알기쉬운

동물실험 가이드

김혜경 · 정주호 · 강순아 · 김연정
임강현 · 박히준 · 김미자

수학사

머리말

십 년 전, 융·복합이라는 용어가 아직은 낯설던 시절, 다양한 분야의 연구자들이 모여 질병 예방과 치료에 적합한 후보물질을 발굴하기 위해 연구회를 시작하였습니다.

생화학, 생리학, 약리학, 의학, 한의학, 간호학, 식품영양학 등 다양한 전공자들이 매주 토요일마다 꾸준히 모여 같이 연구하며 고민했던 경험을 모아 한 권의 책을 발간하게 되었습니다.

각자의 경험을 융합하는 과정에서, 저자들은 동물실험에 입문하는 연구자들이 쉽게 정보를 얻을 수 있는 자료가 충분하지 않음에 공감하고, 8년여 동안 심혈을 기울여 자료를 준비하여 왔습니다.

처음 시작하는 연구자들이 본 서적을 통해 동물실험 기반을 다지고 훌륭한 연구자로 성장해 나가기를 희망합니다.

이 책을 준비하는 동안 사진을 찍는 데 도움을 주신 서일복 교수님, 김명규 박사님, 이세나 박사님과 허윤지 연구원, 박종민 연구원에게 진심으로 감사드리며, 처음 시작을 같이 했으나 끝을 함께하지 못한 홍미숙 박사님께 이 책을 바칩니다.

마지막으로 책이 출간되기까지 지원을 아끼지 않으신 수학사 이영호 사장님과 직원 여러분에게 감사의 마음을 전합니다.

2013년 2월

저자 일동

[차 례]

제1장

동물사육(일반적인 care법)

1. 사육 방법
2. 랫트의 생리적 수치

CHAPTER 1

동물사육(일반적인 care법)

1. 사육 방법

1) 동물사료

일반식이, 맞춤형 식이(고지방식이 등)를 구입할 수 있다. 맞춤형 식이가 필요할 때는 다음의 식이 조성표를 기초로 조제하여 사용할 수 있다.

(1) 동물사료 개발과정

AIN-76A : 미국영양학회(America institute of nutrition, AIN)에서 1977년 개발

↓

AIN-93M : 1982년 개발

↓

AIN-93G : 1982년 성장, 임신, 수유 등을 고려하여 개발

(2) AIN-76A와 AIN-93G 사료의 차이점

① 76A의 옥수수기름이 93G에는 콩기름으로 대체

② 93G의 리놀렌산(linolenic acid) 증가(식물성기름에만 있는 불포화지방산은 동물 체내에서는 합성이 안 되므로, 성장에 필요한 영양소 공급을 위해 증가)

③ 76A의 설탕(sucrose)이 옥수수전분(corn starch)과 덱스트로스(dextrose)로 대체

④ 76A의 DL-메티오닌(DL-Methionine)이 L-시스틴(L-cystine)으로 대체

⑤ 망간 감소

⑥ 비타민 E, K, B_{12} 증가

⑦ 무기물 혼합물(mineral mixture) 조성 변화

표 1-1 • AIN-76A와 AIN-93G 사료 조성

조성물	AIN-76A(g/kg)	AIN-93G(g/kg)
카제인(casein)	200	200
옥수수전분(corn starch)	150	397.486
덱스트로스(dextrose)		132
설탕(sucrose)	500	100
셀룰로스(cellulose)	50	50
옥수수기름(corn oil)	50	
콩기름(soybean oil)		70
t-부틸하이드로퀴논(t-butylhydroquinone)		0.014
무기질 혼합물(mineral mixture)*	35	35
비타민 혼합물(vitamin mixture)**	10	10
DL-메티오닌(DL-methionine)	3	
L-시스틴(L-cystine)		3
타타르산수소콜린(choline bitartrate)	2	2.5
합계	1,000	1,000

자료 : AIN-76A 사료; AIN, 1977, 1980
AIN-93G 사료; AIN, 1993

표 1-2 • *AIN-76A와 AIN-93G 사료의 무기질 혼합물 조성(사용량 35 g/식이 kg)

조성물	AIN-76A(g/kg)	AIN-93G(g/kg)
인산이칼슘(calcium phosphate, dibasic)	500	
탄산칼슘(calcium carbonate)		357
염화나트륨(sodium chloride)	74	74
인산이수소칼륨(potassium phosphate, monobasic)		196
구연산칼륨(potassium citrate H_2O)	220	70.78
황산칼륨(potassium sulfate)	52	46.6

(계속)

조성물	AIN-76A(g/kg)	AIN-93G(g/kg)
산화마그네슘(magnesium oxide)	24	24
탄산망간(manganous carbonate)	3.5	0.63
구연산철(ferric citrate) U.S.P.	6	6.06
탄산아연(zinc carbonate)	1.6	1.65
탄산구리(cupric carbonate)	0.3	0.3
요오드산칼륨(potassium iodate)	0.01	0.01
아셀렌산나트륨(sodium selenite)	0.01	
셀렌산나트륨(sodium selenate)		0.01025
몰리브덴산암모늄(ammonium paramolybdate $4H_2O$)		0.00795
메타규산나트륨(sodium metasilicate $9H_2O$)		1.45
황산칼륨크롬(chromium potassium sulfate $12H_2O$)	0.55	0.275
염화리튬(lithium chloride)		0.0174
붕산(boric acid)		0.0815
불화나트륨(sodium flouride)		0.0635
탄산니켈(nickel carbonate)		0.0318
바나딘산암모늄(ammonium vanadate)		0.0066
설탕(sucrose, finely powdered)	118.03	221.026
합계	1,000	1,000

자료 : AIN-76A 사료; AIN, 1977
AIN-93G 사료; AIN, 1993

표 1-3 • **AIN-76A와 AIN-93G 사료의 비타민 혼합물 조성(사용량 10 g/식이 kg)

조성물	AIN-76A(g/kg)	AIN-93G(g/kg)
티아민 염산염(thiamine HCl)	0.6	0.6
리보플라빈(riboflavin)	0.6	0.6
염산 피리독신(pyridoxine HCl)	0.7	0.7
니아신(niacin)	3	3
판토텐산칼슘(calcium pantothenate)	1.6	1.6
엽산(folic acid)	0.2	0.2
비오틴(biotin)	0.02	0.02
비타민 B_{12}(0.1%)	1	2.5
레티닐 팔미트산염(vitamin A palmitate, 500 IU/g)	0.8	0.8
비타민 D_3(400 IU/g)	0.25	0.25
초산 토코페롤(vitamin E acetate, 500 IU/g)	10	15

(계속)

조성물	AIN-76A(g/kg)	AIN-93G(g/kg)
비타민 K_1/덱스트로스 혼합물(vitamin K_1/dextrose mixture, 10 mg/g)		7.5
메나디온아황산수소나트륨(menadione sodium bisulfite)	0.08	
설탕(sucrose, finely powdered)	981.15	967.23
합계	1,000	1,000

자료 : AIN-76A 사료; AIN, 1993
AIN-93G 사료; AIN, 1993

참고 고지방식이 조성표(칼로리 대비 40~60% 지방)

▶▶ 제6장 질환별 동물모델(6. 비만) 참조

2) 온도

일반적으로 20~25℃에 사육한다. 더 낮은 온도에서는 일부 마취제(sodium pentobarbital)에 민감해질 수 있어 위험하고, 더 높은 온도(예 32℃)에서는 정상적인 행동 패턴을 보이지 않을 수 있다.

3) 빛

일반적으로 12시간 명암주기를 유지하여 사육한다. 단, 비타민 D 연구와 같이 특별한 경우에는 명암주기의 조절이 필요하다. 다양한 명암주기는 생식주기를 변화시킬 수 있고, 마취제와 같은 화합물에 대한 반응도 달라질 수 있다.

4) 환경

연구의 목적에 따라 실험동물을 대사상자(metabolic cages, 소변과 대변을 채취할 수 있는 우리) 등으로 환경변화를 주게 되면, 24시간 동안의 정상적 사육과 배변 활동에 영향을 미친다. 또한 소음은 다양한 생리적 기능에 영향을 준다.

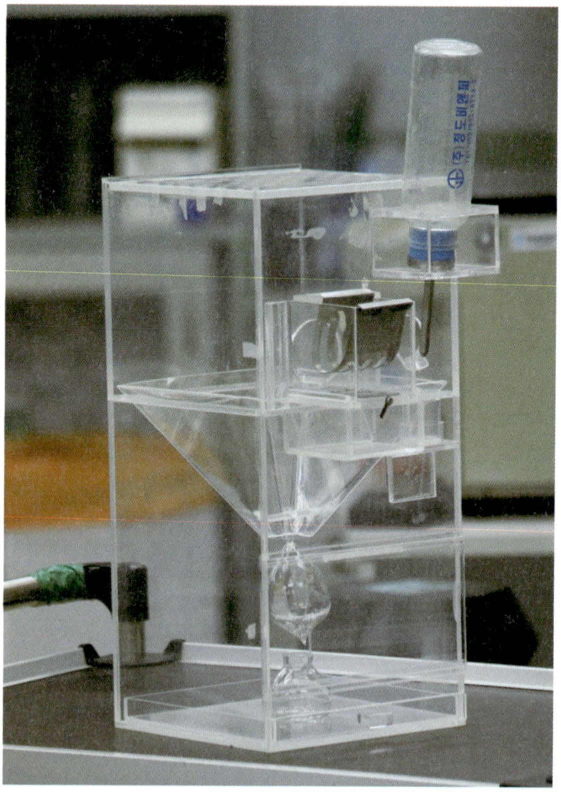

그림 1-1 • 대사상자(metabolic cage)

5) 식이

저단백질식이는 N-디메틸니트로사민(N-dimethylnitrosamine) 같은 암 유발 물질의 독성을 감소시켜 암 유발이 안 되는 경우가 있고, 소모증후군(wasting syndrome)을 유발하는 식이(cachexigenic diet)는 펜토바르비탈 나트륨(sodium pentobarbital)의 마취효과를 저하시킨다. 소모증후군 또는 악액질(cachexia)이란 지나치게 체중감소가 일어나는 상태를 말한다.

6) 계통, 연령, 성별

실험동물의 종에 따라서 N-dimethylnitrosamine에 의한 독성 및 종양 발생률에도 차이가 있다. 연령에 따라서도 알록산(alloxan) 투여에 의한 당뇨병 유발 시, 고령의 실험동물에서는 당뇨병 발생률이 더 높다. 수컷의 경우 암컷보다 니코틴이나 sodium pentobarbital에 대해 저항성이 강하다.

7) 사육동물 밀도

실험동물의 사육 시 개체 밀도에 따라 약물에 대한 반응이 달라질 수 있다.

8) 체온 및 혈압 측정

(1) 체온 측정

체온은 수은 체온계를 사용하여 측정할 수 있지만, 전자 체온계를 사용하여 온도 감지부를 직장에 집어넣는 것이 훨씬 간편하다.

지속적인 체온의 기록을 위해서 전자 체온계를 차트 기록계나 컴퓨터에 연결하여 사용할 수도 있다.

(2) 혈압 측정

혈압 측정은 꼬리에 커프(cuff)를 둘러 측정하는 간접측정법과 동맥혈관에 삽입된 앤지오카테터(angio catheter)를 혈압 측정기에 연결하는 직접측정법이 있다.

> *Tip* 고혈압 모델 쥐는 SHR(spontaneously hypertensive rats, 6주령 이상)을 사용하고 대조군으로 WKR(Wistar-Kyoto rats)을 사용한다.

간접측정법

커프와 맥박 감지기를 꼬리에 맞게 두르고 혈압 측정기에 연결하여 측정한다(그림 1-2).

① 랫트의 꼬리를 37℃ 물이나 따뜻한 상자에 약 15분간 넣는다(따뜻하게 하지 않으면 맥박이 측정기에 감지되지 않을 수 있다).

② 커프에는 일회용 고무 안감이 부착되어 있는데 몸통 쪽 쥐꼬리에 먼저 두르고, 그 바로 뒤쪽(꼬리 쪽)에 맥박 감지기 커프를 둘러준다.

③ 맥박이 감지되는지 시험을 해본 후 문제가 없다면 측정을 시작하여 맥박수를 기록한다.

④ 커프가 자동으로 부풀면서 압력이 꼬리의 혈류를 막게 되면 맥박이 더 이상 감지되지 않는 시점이 온다. 이것이 수축기 혈압이다. 보통 한 마리당 4회 이상 측정값을 구해 평균을 얻는다.

⑤ 박동수 역시 측정기를 통해 잴 수 있는데, 보통 혈압 측정이 끝나갈 즈음에 실험동물이 안정된 상태일 때 측정한다.

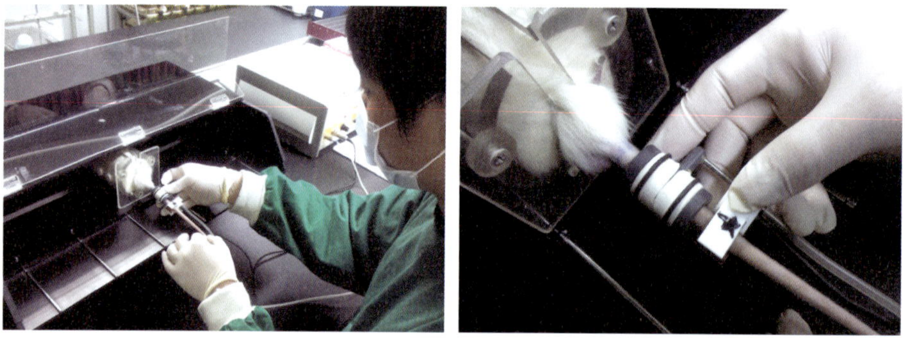

그림 1-2 • 간접혈압 측정기구

직접측정법

경동맥 수술에 의한 측정법으로 번거로워 많이 사용하지는 않는다.

① 경동맥 수술을 통해 혈압을 직접 측정하기 위해, 목에 삽입하기 전 카테터는 묽은 헤파린-식염수 용액으로 채워서(20 units heparin/mL) 핀으로 끝을 막아 둔다.

② 목 부위를 절개하여 좌측 경동맥(carotid artery)에 카테터를 삽입하는데, 플라스틱 카테터의 끝부분이 정확히 대동맥 내부에 위치하도록 머리 쪽에서 심장 쪽으로 미는 듯이 삽입한다.

③ 카테터 삽입 처리를 한 쥐는 3일 이상 회복기를 가진 후 혈압 측정이 가능하다. 단, 카테터가 막히지 않도록 매일 묽은 헤파린-식염수 용액을 조금 주입하여 씻어야 하고, 혈압 측정 직전에도 씻어 준다.

④ 경동맥에 삽입된 카테터의 헤파린-식염수 용액과 이어지도록 다른 헤파린-식염수 용액을 채운 카테터를 연결해 주고, 연결된 카테터의 다른 한쪽 끝은 변환기에 연결한다.

또 다른 방법으로는 구속장치를 써서 수술 직후에 즉시 경동맥 카테터를 변환기와 혈압 측정기에 연결할 수도 있다.

2. 랫트의 생리적 수치

아래 수치들은 일반적으로 3개월 된 어미 랫트의 평균치이다(Loeb and Quimby, 1989).

1) 혈액학적 자료

표 1-4 • 혈액 수치

측정 항목		정상치
전혈량(total blood volume, mL/100 g 체중)		7
혈장량(plasma volume, mL/100 g 체중)		3.5
헤마토크리트(haematocrit, packed cell volume, mL/100 mL)		47
헤모글로빈(haemoglobin, g/100 mL)		15.7
적혈구 침강속도(erythrocyte sedimentation rate, mm/시간)		1.6(♂), 0.7(♀)
삼투압(osmolality, mmol/kg)		321
혈액응고시간(coagulation time, 분)		2.5
혈병퇴축시간(clot retraction time, 분)		60
pH(전혈)		7.36
비중(전혈)		1.05
혈구 수 (×10^6/mm^3)	적혈구(red blood cell)	8.9
	백혈구(white blood cell)	9.9
	– 호중구(neutrophils)	2.4
	– 임파구(lymphocytes)	7.5
	– 단핵구(monocytes)	0.02
	– 호염기구(basophils)	0.02
	– 호산구(eosinophils)	0.03
	혈소판(platelets)	340

2) 임상화학 데이터(수컷 Wistar 랫트 기준)

(1) 혈장

표 1-5 • 혈장 수치

측정 항목	정상치
전체 단백질(g/L)	63
알부민(g/L)	28
α-1-글로불린(g/L)	4.6
α-2-글로불린(g/L)	3.5
β-글로불린(g/L)	5
γ-글로불린(g/L)	4.4
요소(mmol/L)	6.9
요산염(mmol/L)	0.6
포도당(mmol/L)	10.1
크레아티닌(μmol/L)	42.5
크레아티닌 청소(mL/분)	1.2
전체 지방량(g/L)	2.3
인지질(g/L)	0.05
콜레스테롤(mmol/L)	1.9
중성지방(g/L)	0.8
빌리루빈(μmol/L)	2
아스파르테이트아미노전이효소(IU/L)	82
크레아틴키나아제(IU/L)	368
γ-글루타밀트랜스펩티다아제(IU/L)	10
α-수산화부티레이트탈수소효소(IU/L)	71
알칼리인산분해효소(IU/L at 37℃)	200
철결합능(μmol/L)	101
Fe^{3+}(μmol/L)	28
Na^{+}(μmol/L)	135
K^{+}(μmol/L)	4.9
Ca^{2+}(μmol/L)	2.6
Cu^{+}(μmol/L)	17.8
Mg^{2+}(μmol/L)	1.3
Li^{+}(μmol/L)	<0.07
Cl^{-}(mmol/L)	100
PO_4^{3-}(mmol/L)	2.3
교질삼투압(cm water)	26
비중(cm water)	1.21

IU : international unit

(2) 소변

표 1-6 • 소변 수치

측정 항목	정상치
양(mL/24시간)	15~30
단백질(mg/24시간)	<20
요소(mmol/L)	442.5
요산염(mmol/L)	1.7
크레아티닌(μmol/L)	6.2
Na^+(μmol/L)	229
K^+(μmol/L)	149.5
Ca^{2+}(μmol/L)	0.7
PO_4^{3-}(mmol/L)	27.1
삼투압(mmol/L)	3044
pH	6.2
비중	8

3) 생식 척도

표 1-7 • 생식 척도

성주기 타입 및 생리주기	기간
임신기간	21~23일
가성 임신기간(length of pseudopregnancy)	12일
한 번 출산 시 새끼의 수(number of young/litter)	6~10마리
젖 떼는 연령	21일
사춘기 연령(최초 교배 가능 시기)	6~11주
단일주기의 전체기간	4~5일
• 1단계 발정휴지기(diestrus)	6시간
• 2단계 이른 발정전기(early pro-estrus)	60시간
• 3단계 늦은 발정전기(late pro-estrus)	12시간
• 4단계 발정기(estrus)	10~20시간
• 5단계 발정후기(metestrus)	8시간

4) 기관 무게

표 1-8 • 기관 무게

기관	무게(젖은 무게 g /체중 100 g)
심장	0.4
폐	0.6
뇌	1
뇌하수체	0.005
송과체	0.001
간	3
비장	0.2
흉선	0.07
신장(한쪽)	0.4
부신(한쪽)	0.02
위와 장관	2.3
갑상선	0.005
임파절(오금, 무릎 뒤)	0.002
난소(한쪽)	0.05
고환(한쪽)	0.5
전립선	0.16
정낭(정액을 제거)	0.3

5) 기타 데이터

표 1-9 • 기타 일반수치

측정 항목	정상치
체온(℃)	38.1
심박동(맥박/분)	328
호흡률(호흡/분)	97
확장기 혈압(mmHg)	116~180
이완기 혈압(mmHg)	90
위액의 pH(6시간 동안 수집량)	1.3~2.6
위 내용물의 pH(위세척에 의해 수집된)	2.5~4
평균수명(년)	2~4
하루 음식섭취량(g/체중 100 g)	5
하루 물섭취량(mL/체중 100 g)	10
체중 증가	그림 1-3 참조

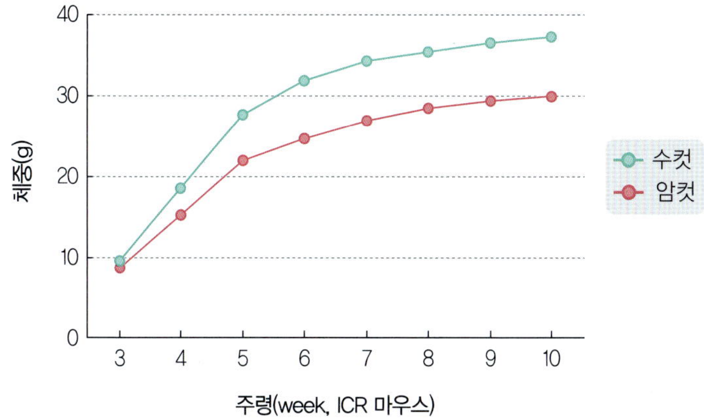

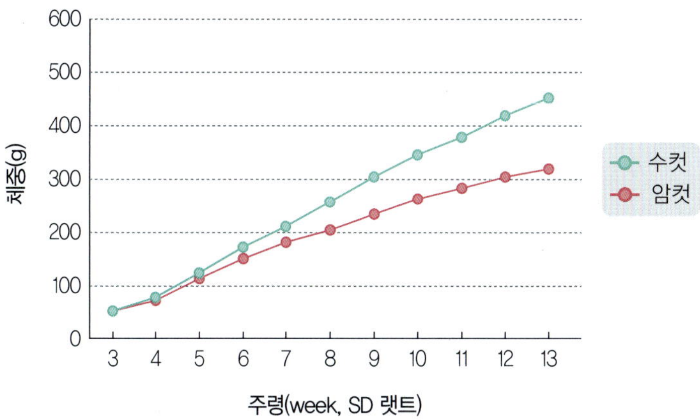

그림 1-3 • 마우스와 랫트의 체중 증가 그래프

제2장

시료투여법

1. 경구투여법
2. 주사투여법
3. 피부도포법

CHAPTER 2

시료투여법

1. 경구투여법

1) 사료 또는 물에 혼합하여 투여하는 방법

사료 또는 물에 혼합하여 섭취시키는 방법으로 표 2-1의 1일 사료 섭취량을 참조하여 투여량을 결정한다.

표 2-1 • 실험동물의 일반적 1일 사료 섭취량

종류	사료 섭취량
마우스	2~3 g/day(고형), 15 mL/day(액상)
랫트	15~20 g/day(고형), 20 mL/day(액상)

2) 기구를 이용한 경구투여 방법

(1) 랫트 투여 방법

15 G* 또는 16 G의 두께로 약 11 cm 길이의 휘거나 일직선의 둥근 끝을 가진 경구투여용 바늘을 존대(zonde)라고 한다(그림 2-1).

*G : gauge, 주삿바늘의 직경 또는 구경을 나타내는 단위

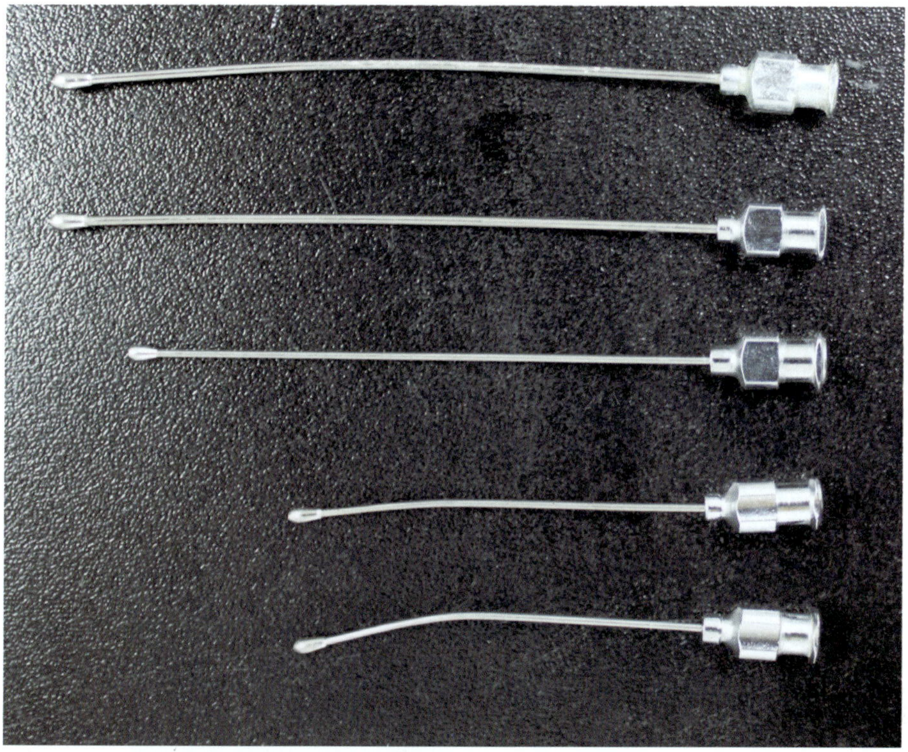

그림 2-1 • 경구투여 바늘(oral zonde needle) : 랫트는 큰 존대를 쓰고 마우스는 작은 존대를 사용한다. 끝을 조금 구부려서 사용하면 편리하다.

① 실험동물의 배 부분을 실험자 앞쪽으로 향하게 하여 단단히 잡는다.

② 준비된 존대를 수직으로 조심스럽게 구강으로 삽입하여 식도에 들어가게 한 후, 위 안으로 부드럽게 밀어 넣는다(그림 2-2).

③ 존대를 실험동물에 삽입할 때 잘 들어가지 않을 경우에는 존대를 부드럽게 앞뒤로 움직여 삽입한다.

④ 안정적으로 삽입이 되면 존대에 연결된 주사기의 내용물을 서서히 주입시킨다.

Tip

주입 시 실험동물이 놀라 움직일 수 있으므로 숨이 막히지 않도록 단단히 잡는다. 만일 폐로 용액이 들어가면 폐렴으로 진행되거나 사망할 수도 있다.

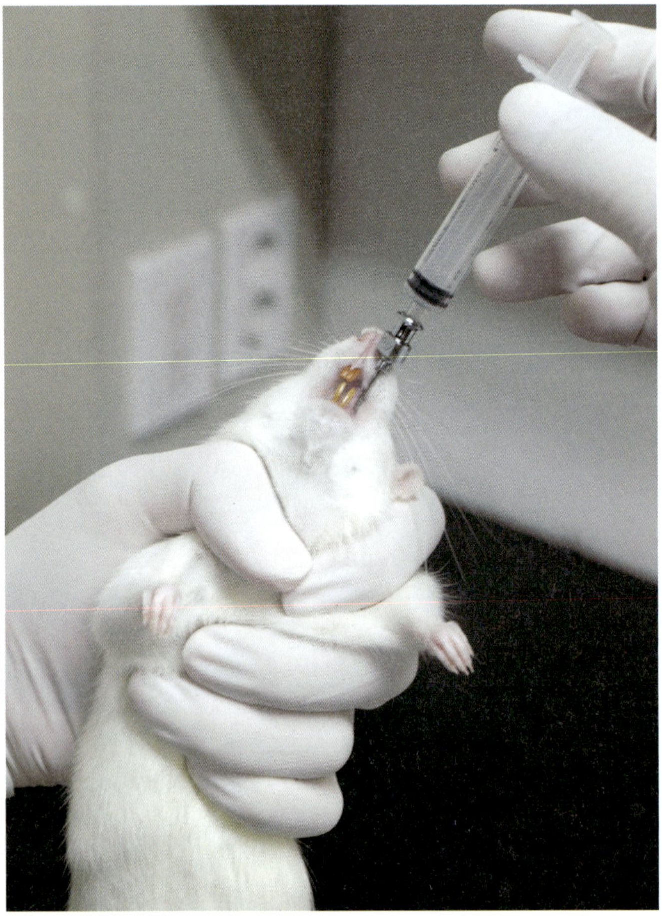

그림 2-2 • 존대를 이용한 경구투여 방법

(2) 어린 랫트(이유쥐) 투여 방법

약 3주령인 랫트는 40~50 mm 길이의 19 G 혹은 21 G의 존대를 사용한다.

(3) 신생쥐 투여 방법

① 0~14일 된 신생쥐는 내부 직경 0.3 mm, 외부 직경 0.64 mm의 실리콘관을 사용한다.

② 뒷다리와 엉덩이를 원뿔 모양의 비닐주머니 안에 들어가도록 고정하고, 실리콘관을 주사기와 연결한 후 경구투여하는데, 일정 시간에 조금씩 삼키도록 해야 한다. (투명한 비닐 한쪽 모서리를 자르고 사용하면 된다.)

③ 주입 시 액체가 역류하는지, 호흡기에 문제가 없는지 지켜본다.

④ 이 방법으로 약 0.1~0.2 mL 정도 안전하게 주입할 수 있다.

2. 주사투여법

1) 주사투여 시 필요한 도구

(1) 피하주사와 바늘

피하주사기의 종류

① **투베르쿨린(tuberculin) 주사기** : 1 mL 주사기로, 10 μL씩 나누어져 있어 미량을 주사할 때 사용(그림 2-3)

② **마이크로리터(microlitre) 주사기** : 1~50 μL 주입시 사용(그림 2-4)

③ **나비주사형 바늘 주사기** : 정맥주사와 같이 특별한 경우에 사용(그림 2-5)

④ **반복해서 주사할 경우** : 외부는 플라스틱관으로 되어 있고 내부에 바늘이 들어 있는 앤지오카테터를 사용(그림 2-6)

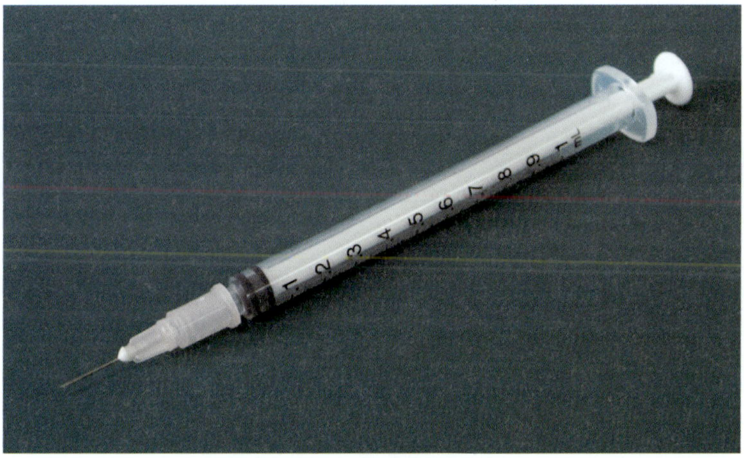

그림 2-3 • 투베르쿨린 주사기

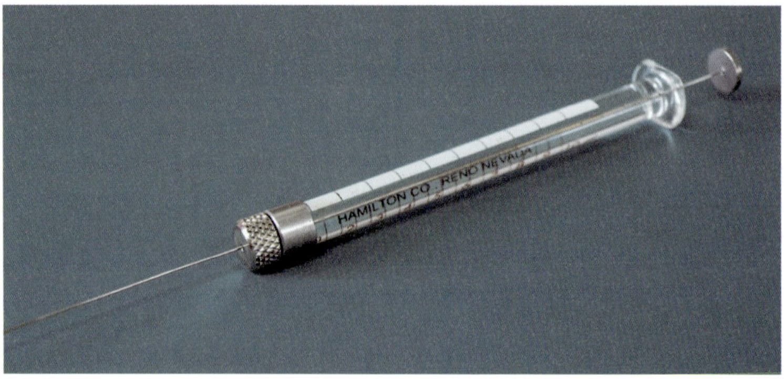

그림 2-4 • 마이크로리터 주사기

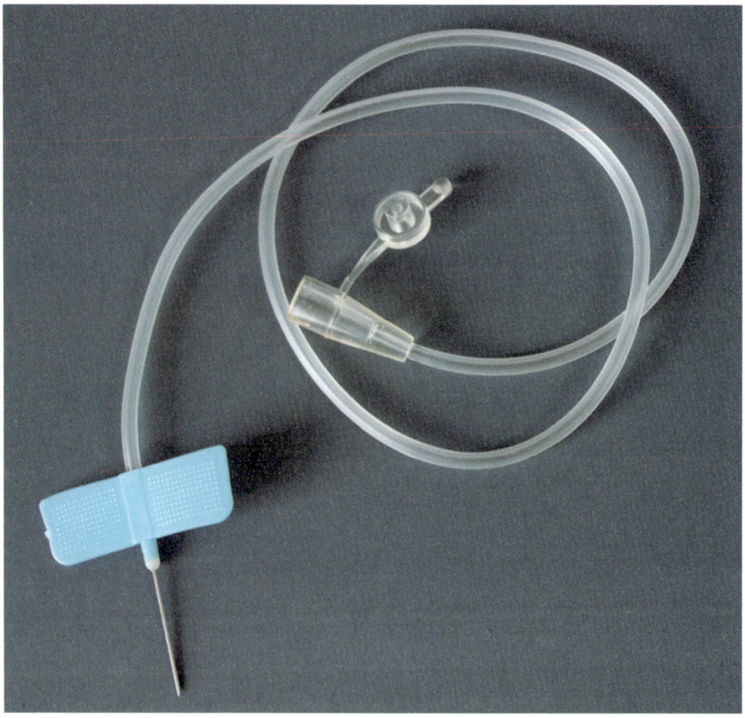

그림 2-5 • 나비주사형 바늘

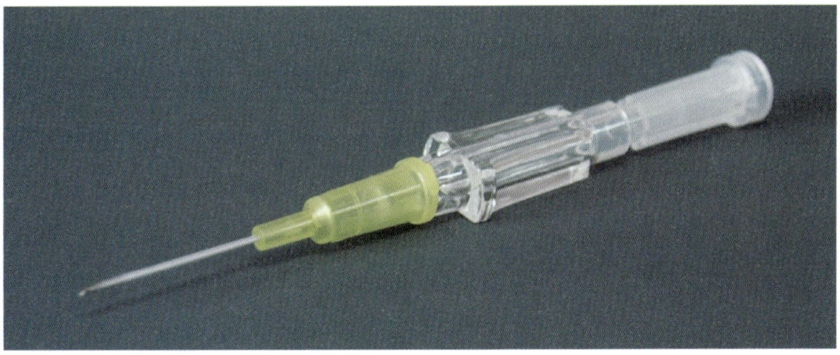

그림 2-6 • 앤지오카테터

(2) 주사용매

일반적으로 주사용매는 증류수, 생리식염수, 인산완충액(phosphate buffered saline, PBS)과 같은 완충액을 사용하는데, 생리적으로 체액과 가장 비슷한 용매인 생리식염수를 많이 사용한다.

> *Tip* 증류수를 피하주사하면 통증을 일으키고, 정맥주사하면 용혈작용을 일으킬 수 있다.

① **용매의 종류**

60% (v/v) propane-1:2-diol (propylene glycol)

0.5% (w/v) carboxymethyl cellulose

10% (v/v) Tween 80 (polyoxyethylene (20) sorbitan mono oleate)

10% (v/v) ethyl alcohol

50% (v/v) dimethylformamide 혹은 dimethylsulphoxide

> *Tip* 물에 잘 녹지 않는 시료는 보통 Tween 80이나 dimethylsulphoxide(DMSO)에 녹여서 사용한다.

② **용매의 농도** : 위의 농도는 사용할 수 있는 최대량이며, 실제로는 더 낮은 농도를 사용하는 것이 바람직하다.

③ **순수한 용매** : 에탄올, 아세톤, 벤젠, 사염화탄소, 디메틸포름아미드 등은 원액으로 사용가능하지만, 심각한 독성을 유도할 수 있으므로 주의해야 한다. 아세톤

과 벤젠은 피부에 직접 사용할 수 있으나 주의를 요한다.

④ **유지용매** : 지용성 물질 주입 시 식물성기름인 올리브유, 땅콩유 등을 사용한다. 이러한 오일을 사용하면, 흡수 지연 및 정맥주사가 어려울 수 있어 유화제인 레시틴[15% (v/v) oil-water 현탁액]을 사용한다. 경우에 따라 정맥주사 시에는 Tween 80 한두 방울을 첨가하여 좀 더 균질한 용액을 만들 수 있다.

(3) 주사량

주사하는 용매의 최대 용량은 투여 방법에 따라 다르다(표 2-2).

① **피하주사**(s.c.), **근육주사**(i.m.) : 여러 곳으로 나누어 주입하면 더 많은 양을 주사할 수 있다.

② **정맥주사**(i.v.) : 투여 물질의 양과 속도는 삼투압, pH에 따라 조절한다.
(예 1) 200 g 의 랫트에게 1 mL 이상의 생리식염수를 급하게 정맥주사하면 심장혈관의 장애를 일으킬 수 있다. 따라서 2~3 mL의 시료를 주입하려면 5분 이상 천천히 주입한다.

표 2-2 • 랫트(200 g) 주사 시 가능한 최고 용량

주사 종류	최고 용량(mL)
피하주사(subcutaneous injection, s.c.)	5
근육주사(intramuscular injection, i.m.)	0.2*
복강주사(intraperitoneal injection, i.p.)	10**
정맥주사(intravenous injection, i.v.)	2***
피내주사(intradermal injection, i.d.)	0.05
기도내주사(intratracheal injection)	0.04****
위강내주사(intragastric injection)	5

* 투여량이 많으면 근섬유를 손상시키고 근육위축과 통증을 유발하므로 나누어 여러 부위에 주사함.
** 대량 주사 시 등장성 용액을 사용해야 하고 자극성 물질은 소량만 주사하여야 함.
*** 1~2분 이상 천천히 주사함.
**** 전신마취가 필요함.

Tip 랫트의 시료 주사에는 주로 피하주사와 복강주사를 사용한다.

(4) 투여 용액의 pH

투여 용액의 일반적인 pH 범위는 4.5~8.0 정도이다. 강산성의 경우, 동량의 0.1N HCl의 pH 범위에서 구강으로 주입할 수 있으나, 알칼리 용액은 경구투여할 수 없다. 주사법 중 pH의 허용범위가 가장 넓은 것은 정맥주사이고 그 다음은 근육주사, 피하주사의 순서이다.

(5) 투여 물질의 흡수 속도

① 흡수 속도는 약물 효과 시간에 영향을 주며, 약물 투여량 결정의 중요한 요인이다.

② 흡수 속도는 약물 용해도에 따라 증가하는데, 현탁액 등과 같은 용액 상태의 약물은 고체 형태보다는 더 빠르게 흡수된다.

③ 고농도의 약물은 저농도일 때보다 더 빨리 흡수된다.

④ 약물 흡수는 주사 방법 중 정맥주사가 가장 신속하다. 복강주사도 빠르게 흡수되지만 정맥주사보다 4배 느리다. 근육주사는 피하주사보다 약물의 흡수가 빠르고, 근육주사로 염증을 일으킬 수 있는 물질은 피하주사로 하는 것이 더 안전하다.

⑤ 위장관 투여의 경우 약물의 pH, 이온화 정도, 용해도와 농도, 위가 비어 있는 정도에 따라 약물 흡수 속도가 달라진다. (일반적으로 소화기계 약물 흡수는 피하주사보다 느리다.)

⑥ 피부를 통한 약물 흡수는 약물의 지용성 정도와 비례한다. (피부를 통한 흡수는 약물을 오일에 현탁하거나 피부에 마찰을 가함으로서 증가시킬 수 있다.)

2) 복강주사

복강주사는 배의 4분면 중 왼쪽 아래에 시행한다. 이 부분에는 소장을 제외하고는 생명에 관계된 기관이 없다. 즉 4분면의 오른쪽 아랫부분은 맹장이 있고, 위쪽의 복부는 간, 위, 비장이 위치하고 있기 때문에 주입하기에 위험한 위치이다(그림 2-7).

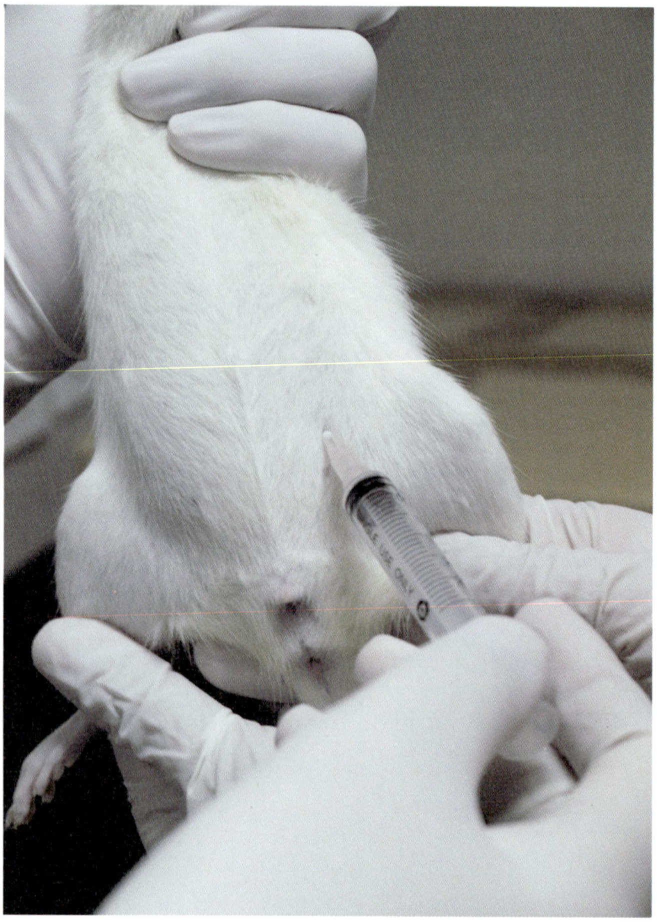

그림 2-7 • 복강주사

3) 피하주사

① 실험동물이 엎드린 상태에서 목 피부를 잡아 들어 올린 후 피부 아래의 공간에 주사한다.

② 많은 양(2 mL 이상)의 피하주사를 놓을 때는 바늘이 반 정도 들어간 후에 바늘의 방향을 바꾸어 여러 번 주입할 수 있다.

③ 피하주사에 사용되는 바늘인 경우 23 G나 21 G 바늘은 현탁액이나 점성액에 사용하는데, 23 G는 바늘의 굵기가 21 G보다 더 가늘어서 점성이 없는 수용액에도 적합하다.

4) 근육주사

근육주사는 대퇴부나 둔부근육에 주사한다. 바늘이 뼈에 닿지 않도록 주의한다.

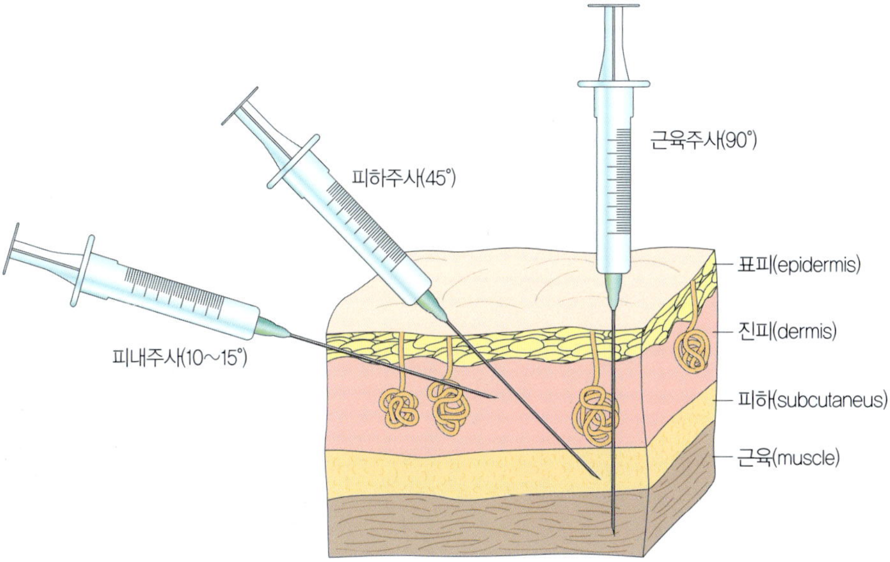

그림 2-8 • 피내 · 피하 · 근육 주사

5) 피내주사(피부내주사)

복부 또는 대퇴부 안쪽에 주사한다.

① 털을 가위 혹은 면도기로 제거한다.

② 바늘은 25 G 또는 26 G를 사용한다.

③ 바늘은 표면과 거의 같은 높이보다 조금 아래로 기울여 2~3 mm 정도 주입한다.
(피부조직의 저항이 강하므로 주의한다.)

④ 피하주사와는 달리 적은 양(50~100 μL)을 피부내로 주입한다.

6) 정맥주사

(1) 꼬리정맥주사

일반 주삿바늘을 사용한 꼬리정맥주사

① 꼬리정맥주사 시 랫트의 꼬리는 2개의 복외측정맥(ventro-lateral vein)이 사용되는데, 25 G 바늘을 사용하여 주입하기 위해 2분 정도 40℃ 물에 꼬리를 담가 혈관을 확장시킨다.

② 확장된 혈관에 준비된 바늘을 누운 각도로 주입하여 주사한다.

앤지오카테터를 사용한 꼬리정맥주사

수술을 위해 실험동물은 따뜻한 상자에서 보관하고, 필요 시 2분 동안 40℃ 물에 꼬리를 담가 혈관을 더 확장시킨다.

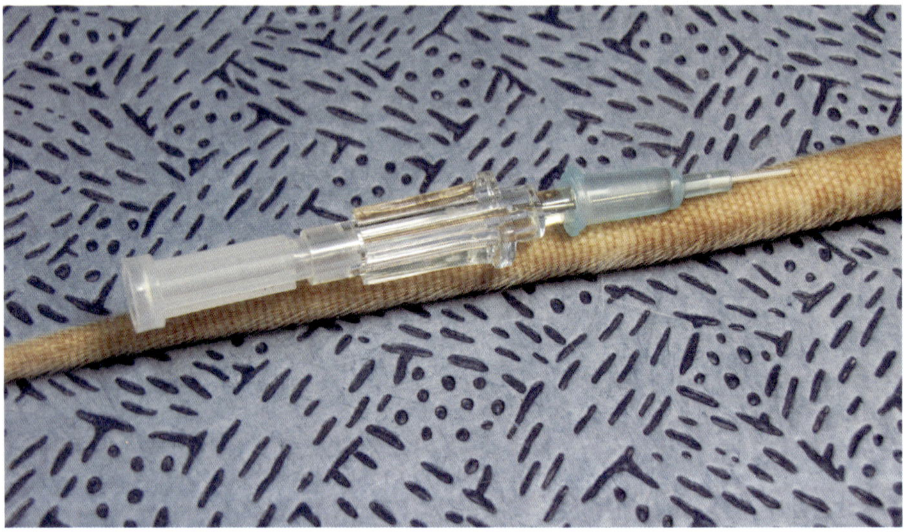

그림 2-9 • 앤지오카테터를 이용한 꼬리정맥주사법 : 꼬리동맥 1개, 좌우에 각각 정맥이 2개 있다.

(2) 경정맥주사

① 목의 털을 제거한다.

② 목의 정중선부터 작게 절개한다.

③ 피부를 절개하고 지방 및 결합조직을 부드럽게 헤치고 경정맥을 찾는다. 혈관이 수축하여 안의 혈액이 빠져 찾기 어려운 경우에는 1~2분 정도 놓아두면 다시 혈액이 혈관에 차오르게 되어 찾기 쉽다(그림 2-10).

④ 25 G 바늘을 이용하여 약 10° 각도로 정맥에 삽입한다.

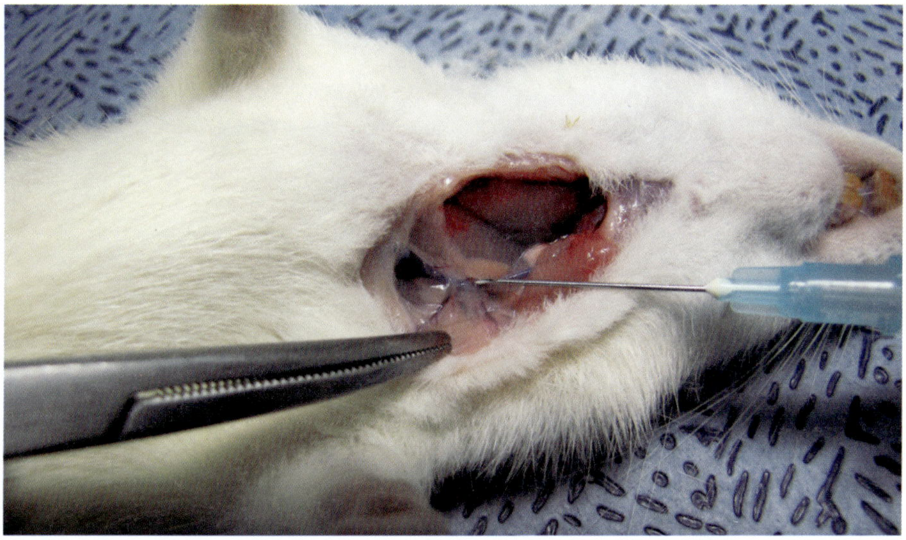

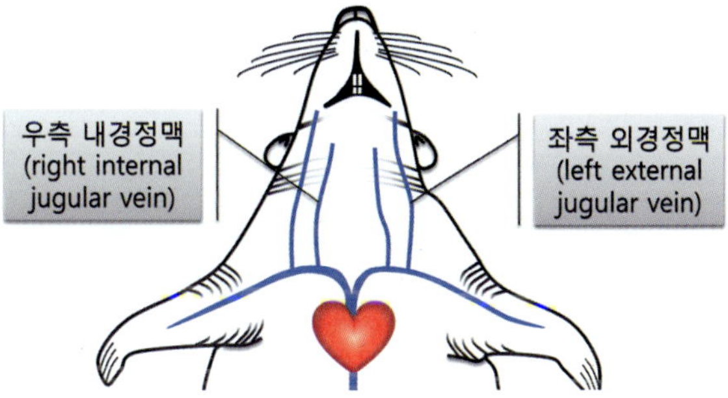

그림 2-10 • 경정맥주사 : 보통 external jugular vein으로 주사한다. 절개 부위는 작을수록 좋으며, 숙련되면 절개하지 않고도 할 수 있다.

(3) 대퇴정맥 주입

① 다리 안쪽 대퇴부 혈관 부위 피부를 절개한다.

② 정맥 주입부 위쪽에 엄지와 검지로 압력을 주어 혈관을 팽창시킨다.

③ 바늘이 혈관으로 들어가는 동안 엄지손가락으로 그 옆을 눌러 바늘을 고정시킨다 (그림 2-11).

④ 정맥에 바늘이 들어가면 손가락의 힘을 빼서 혈관의 압력을 풀어준다.

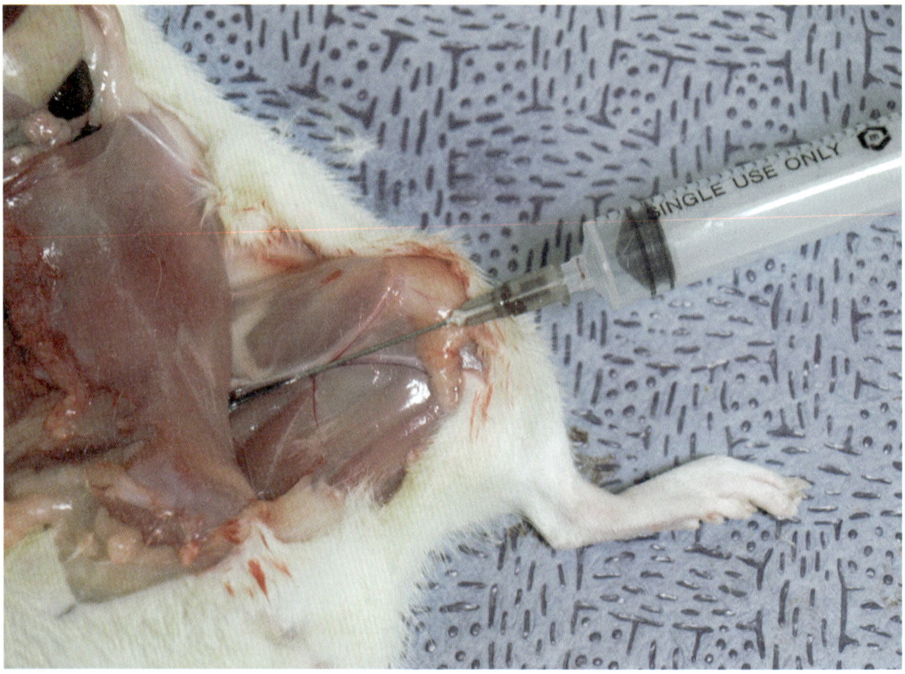

그림 2-11 • 대퇴정맥 주입 : 절개 부위는 작을수록 좋다.

(4) 발등정맥 주입

① 발등을 면도한다.

② 발등정맥을 손으로 가볍게 쳐서 혈관을 팽창시킨다.

③ 바늘을 발등정맥에 주입한다(그림 2-12).

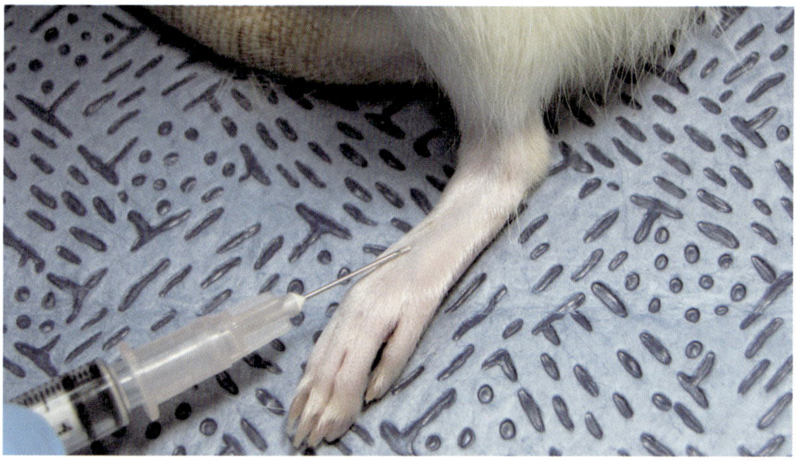

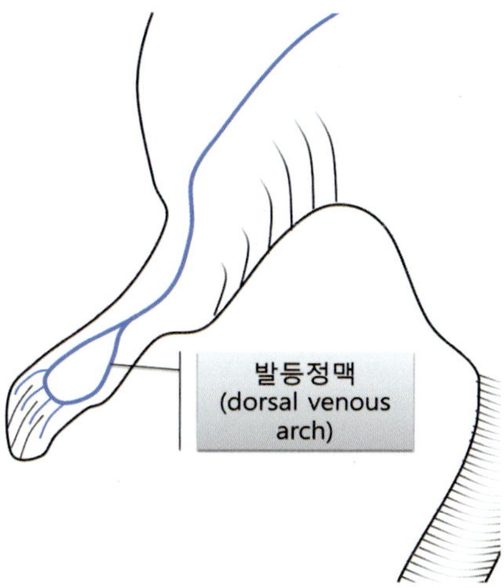

그림 2-12 • 발등정맥 주입 : 발등에 아치 모양으로 흐르는 정맥에 주사한다.

3. 피부도포법

국소 부위는 일반적으로 등의 피부를 사용한다. 털은 가위 혹은 면도기로 제거하고 피부에 크림이나 휘발성 용매를 기계, 솜, 면봉, 주걱, 빗 등으로 바른다.

제3장

검체채취법

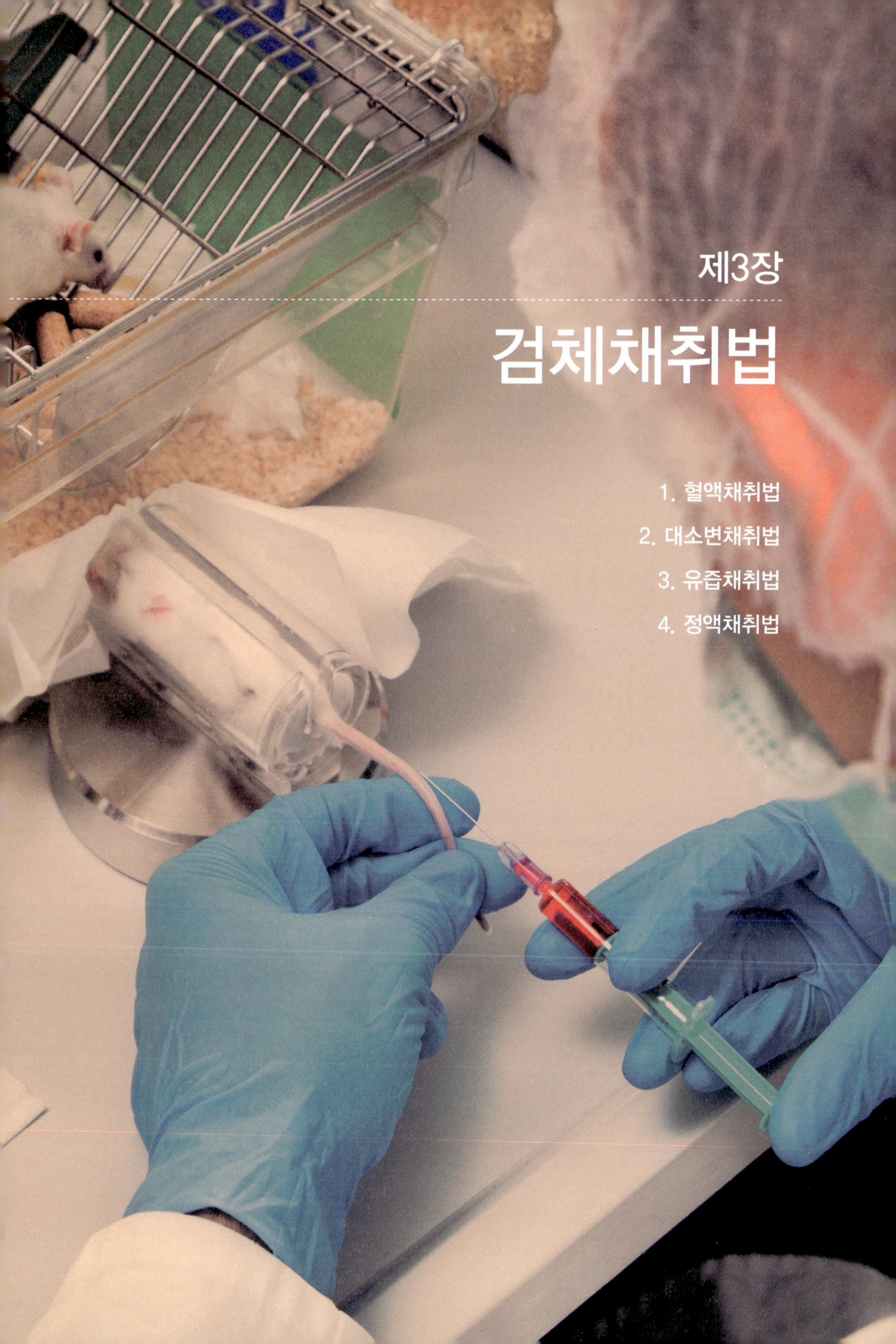

1. 혈액채취법
2. 대소변채취법
3. 유즙채취법
4. 정액채취법

CHAPTER 3

검체채취법

1. 혈액채취법

1) 혈액채취량

• 랫트의 혈액은 약 70 mL/kg이며 1회 채취량은 전 혈량의 10%까지는 큰 영향이 없다.

• 전 혈량의 10~25% 채취는 스트레스를 유발하여 코르티코스테론(corticosterone) 농도를 증가시킨다.

• 전 혈량의 20~25% 채취는 혈액량 감소로 인한 쇼크 및 심부전을 초래한다.

• 소량의 채혈은 24시간 내에 혈액량은 복구되지만 망상적혈구 등의 일부 성분은 2주 후에 정상 복구되므로 2차 채혈은 2주 후에 하는 것이 바람직하다.

• 채취한 혈액은 즉시 사용하거나 항응고 구연산덱스트로스 용액[acid citrate dextrose solution, ACD : 1 L 증류수에 trisodium citrate (dihydrate) 22 g, citric acid 8 g, glucose 24.5 g을 녹여서 만들어서, 1 mL 혈액당 0.15 mL를 넣어서 사용]에 넣어 1일까지 사용할 수 있다.

• 전혈량의 1% 이하 혈액은 매일 채취하여도 혈액 성상에 큰 영향이 없다.

• 마취제와 스트레스 등은 혈액지표에 영향을 미칠 수 있다.

• 가장 바람직한 마취제는 할로탄(halothane)이며, 경정맥이나 안구정맥에서 채혈한다.

2) 마취제를 사용하지 않는 채혈법

(1) 단두채혈

단두채혈은 시험자에게는 불쾌한 방법이지만 가장 빠르고 인도적으로 동물을 희생시키는 방법이며 많은 혈액을 얻을 수 있다.

다음의 두 가지 방법이 많이 쓰이며, 단두 직후에는 많은 양의 혈액이 분출되므로 채혈 용기를 재빨리 절단 부위에 대야 한다.

① 쥐의 뒷머리에 충격을 주어 기절시킨 후 가위로 목을 완전히 또는 일부 절단한다.

② 기요틴(guillotine)을 사용하여 단두한다(그림 3-1).

Tip 마취제를 사용하지 않는 채혈법 중 가장 많이 사용하는 방법이 단두채혈법이다.

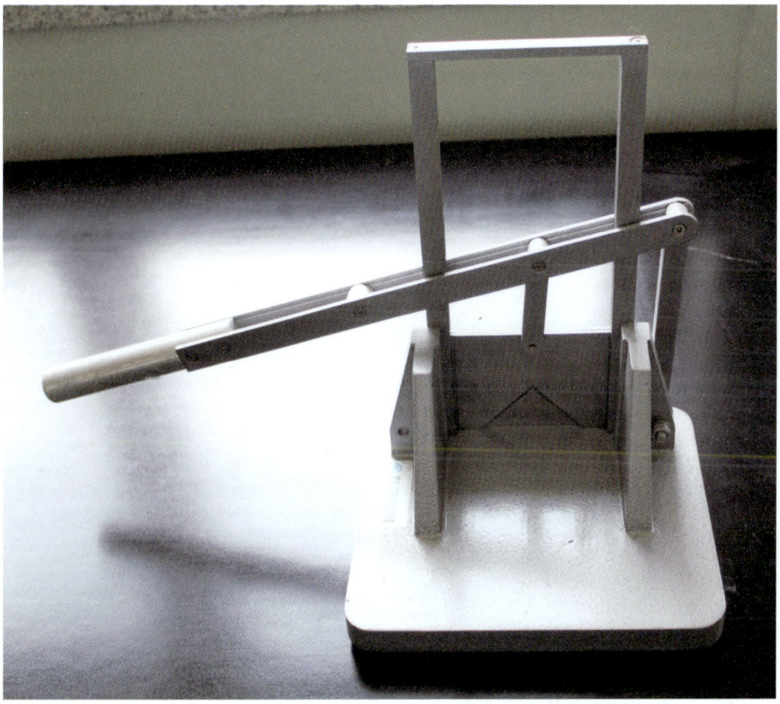

그림 3-1 • 기요틴 : 기요틴을 사용할 때는 쥐를 단단히 잡되 실험자의 손가락을 다치지 않도록 주의한다. 그리고 단두 후 쥐가 몸부림칠 때 놓치지 않도록 해야 한다.

(2) 꼬리정맥채혈

주사기로 채혈하는 방법

간단하여 많이 쓰인다(그림 3-2).

① 랫트를 온열상자(heating box)에서 15분쯤 따뜻하게 한 뒤, 쥐를 고정하고 꼬리를 아래로 내리게 한 뒤, 꼬리 윗부분에 지혈을 하듯이 압력을 주거나 고무줄이나 끈으로 묶어 정맥이 보이게 한다(젖은 솜으로 닦으면 정맥을 찾는 데 도움이 된다).
② 바늘이 정맥에 들어간 후 압력을 풀어 혈액이 통하게 한다.
③ 23 G나 21 G 바늘과 1 mL 주사기를 사용하며, 5 mm 정도의 플라스틱 호스가 연결된 나비바늘이 편하다.
④ 왼손으로 꼬리를 잡고 주사기를 정맥에 낮은 각도로 넣어 혈액이 나오기 시작하면 성공적으로 삽입된 것이다.
⑤ 나비바늘을 사용할 때는 캐뉼러(cannula) 끝이 채혈 튜브에 닿도록 하면 혈액이 잘 흐른다.
⑥ 다시 채혈을 할 경우에는 약간 몸 쪽(꼬리의 앞쪽)의 정맥이나 반대편 정맥에서 반복한다.
⑦ 1마리 채혈에 약 2~3분이 소요된다.

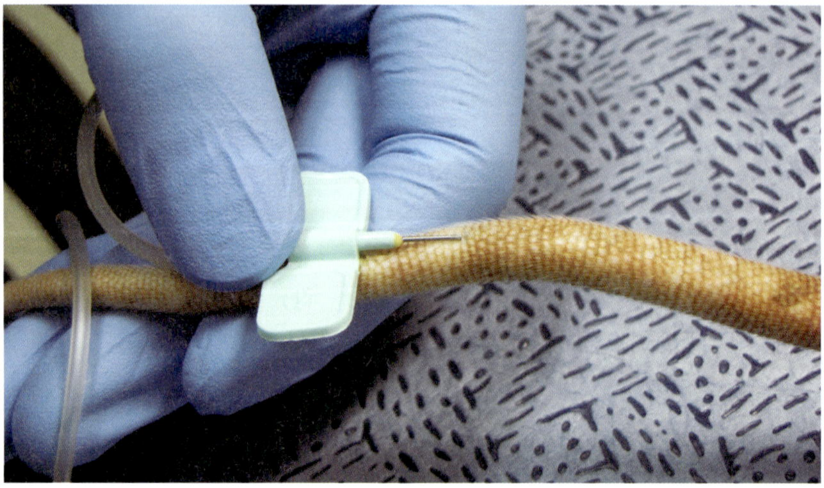

그림 3-2 • 꼬리정맥채혈법

꼬리 끝을 자르는 방법

0.5 mL 이하의 적은 양을 채혈할 경우 쓰이며, 꼬리 끝 5 mm 정도를 완전히 자른다.

① 40℃ 정도의 더운물에 1~2분 꼬리를 담그거나 위에서부터 손가락으로 짜내려 오면 채혈이 쉽다. 그러나 손가락으로 짜내려 오면 혈액내 염증 관련 백혈구 증가를 초래할 수 있다.
② 꼬리를 37~40℃ 물에 15분간 넣어두면 1.5 mL 이상의 혈액 채취가 가능하다.
③ 보통 출혈은 자연적으로 멈추지만 약간 압박을 하거나, 몸 전체를 덮힌 경우에는 질산은(silver nitrate) 등의 지혈제를 쓰기도 한다.
④ 반복 채혈을 할 때는 꼬리의 조금 윗부분을 다시 자른다. 그러나 이 방법은 2~3번 이상 할 경우 꼬리뼈 손상을 초래할 수 있다.
⑤ 응고된 혈액을 제거하고 같은 위치에서 반복 채혈할 수도 있다.
⑥ 면도칼로 꼬리정맥을 끊은 후 모세관에 받을 수도 있다.

(3) 경정맥채혈

피부절개 없이 의식이 있는 쥐의 우측 경정맥에서 채혈하는 방법이다(그림 3-3). 숙련된 실험자의 경우에는 꼬리나 안구정맥채혈법보다 경정맥채혈이 실험동물에게 스트레스를 적게 주는 방법이다.

① 쥐의 목덜미를 잡고 복부를 위쪽으로, 머리는 실험자 쪽으로 하여 움직이지 못하도록 한다.
② 오른쪽 목의 털을 면도기로 깎는다.
③ 21 G×5/8" 바늘을 2 mL 주사기에 연결하여 그림과 같이 목과 어깨 사이에 낮은 각도로 주입한다(그림 3-3).
④ 바늘을 주입하는 동안에 주사기 플런저(plunger)를 살짝 뒤로 흡인하여 혈액이 보이면 정맥에 바늘이 정확하게 주입된 것이다.
⑤ 연속적으로 다시 채혈을 할 경우, 24시간 후에도 가능하지만 48시간 후가 바람직하다.

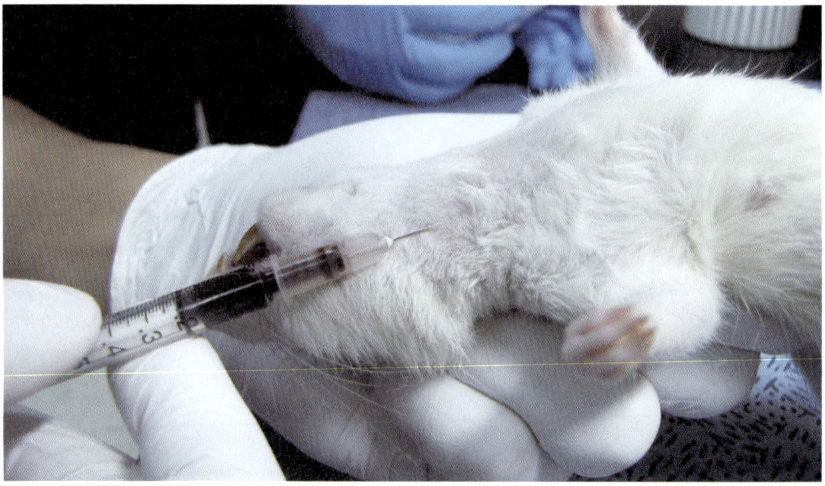

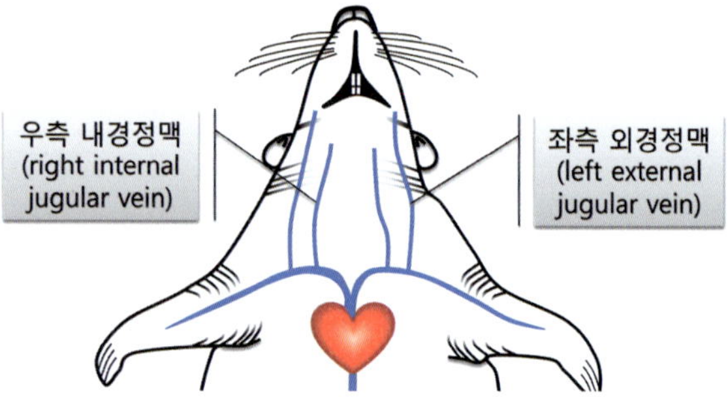

그림 3-3 • 경정맥채혈

3) 마취제 사용 채혈법

(1) 심장채혈(cardiac heart puncture)

혈액채취 후 다시 랫트를 소생시키려면 23 G 바늘을 사용하고, 소생시키지 않아도 될 경우는 21 G 바늘을 사용한다.

① 랫트를 마취하여 배를 위로, 머리는 실험자의 왼쪽으로 하여 눕히고 손가락으로 가슴을 약간 눌러본다.
② 왼손 집게손가락으로 검상돌기(xiphoid process)를 약간 들어 올려 검상돌기 밑으로 주사바늘을 삽입한다.
③ 주사기를 수평에서 30° 각도로 밀듯이 주입한 뒤, 주사기 플런저를 살짝 뒤로

당겨 혈액이 주사기에 유입되면 주사바늘이 심장에 제대로 들어간 것이다. 혈액의 힘에 의하여 주사기 플런저가 뒤로 갈 수 있으므로 왼손으로 주사기 본체를 잡고 다른 손으로 플런저를 뒤로 뺀다(그림 3-4).

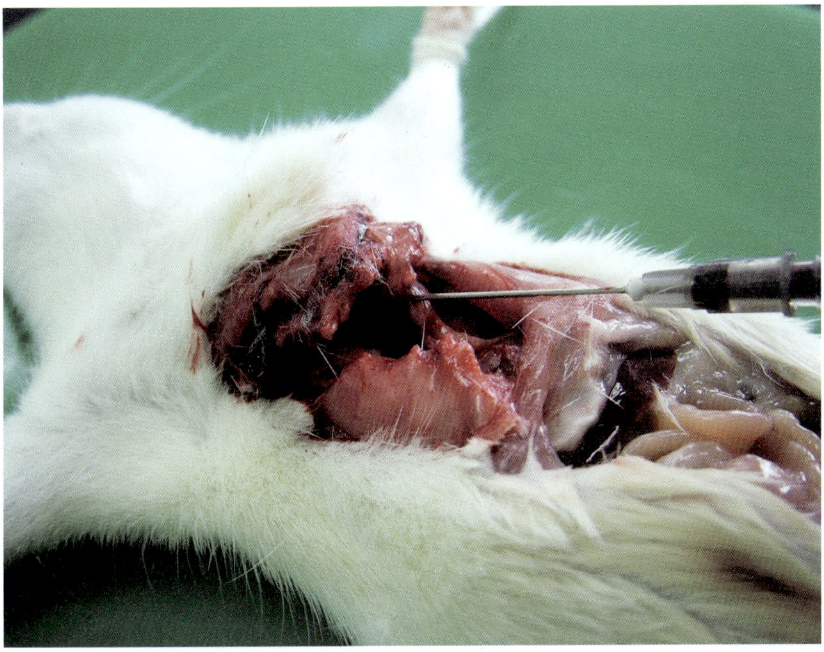

그림 3-4 • 심장채혈법 1 : 해부된 사진은 심장의 위치를 보여주기 위한 것으로 실제로는 피부 위에서 검상돌기 부분을 위로 들어 올리면서 그 아래로 바늘을 주입하여 시행한다. 주사기 플런저는 천천히 당겨야 한다.

이외에도 다음과 같은 방법이 있다.

① 왼쪽 심장 부위가 위로 올라오도록 쥐를 오른쪽 옆으로 눕히고, 손가락으로 왼쪽 가슴에서 심박을 촉진하여 수직으로 심박이 느껴진 곳에 바늘을 넣고 천천히 혈액을 채취한다(그림 3-5).

② 쥐를 위로 보게 눕혀 손가락으로 가슴을 약간 압착한다. 주사기를 심장 부위에 넣고 플런저를 뒤로 빼어 혈액이 주사기에 유입되면 주사바늘이 심장에 제대로 들어간 것이다(그림 3-6).

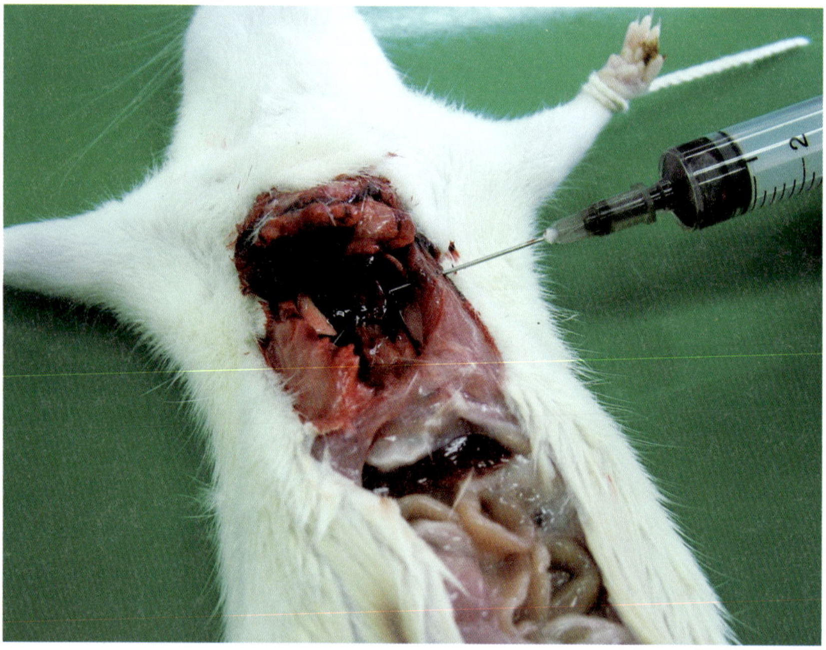

그림 3-5 • **심장채혈법 2** : 해부된 사진은 심장의 위치를 보여주기 위한 것으로 실제로는 옆으로 눕힌 상태에서 바늘을 주입하여 시행한다.

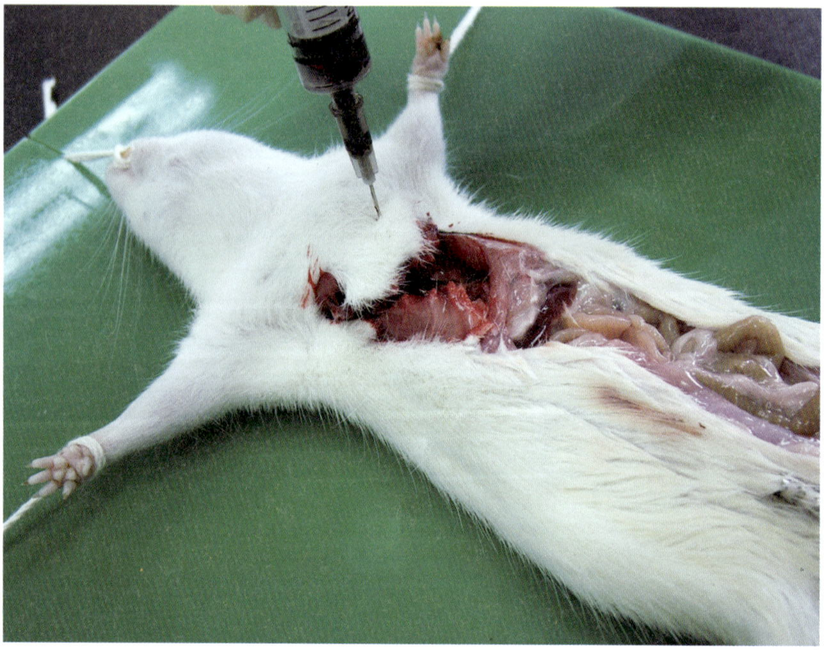

그림 3-6 • **심장채혈법 3** : 바늘은 얕게 찌른다.

위의 방법 사용 중 혈액이 나오지 않으면 심장이 관통되었거나 심장이 아닌 곳을 찔렀을 경우이다. 관통되었을 때에는 주사기를 뒤로 조금 빼주면 주사바늘이 심장으로 다시 자리 잡을 수 있고, 심장을 우회했을 때에는 다시 시도해야 한다. 이때 2~3번 이상 시도를 하면 심장 출혈로 죽을 수도 있다.

심장에서의 채혈은 2 mL/min 이하로 유지하며, 쥐를 소생시켜야 할 경우에는 혈액 채취량은 순환 혈액량의 10~15%인 7~10 mL/kg 정도로 제한하고, 1주 간격으로 재시도할 수 있다.

(2) 경정맥채혈

① [그림 3-3]과 같이 의식이 있는 경우에도 사용하지만, 마취 절개 후 채혈이 가능하다.

② 마취된 쥐의 꼬리를 실험자 쪽으로 하여, 위로 보게 눕혀 목 앞쪽 피부를 절개한다.

③ 바늘을 머리 쪽 방향으로 경정맥과 붙어 있는 근육을 관통하여 경정맥으로 주입한 뒤, 천천히 채혈한다.

④ 채혈 후 피부는 1~2개의 클립이나 봉합사로 꿰맨다.

⑤ 양쪽 경정맥을 교대로 하여 반복 채취도 가능하다.

(3) 후대정맥(posterior vena cava) 또는 후대동맥(복대동맥, dorsal aorta) 채혈

① 마취된 쥐를 위로 보게 눕혀, 복부피부를 V자로 절개한다. 피부를 흉벽 쪽으로 넘겨 쥐 왼쪽(실험자의 오른쪽)으로 내장이 한쪽으로 치우치게 한다.

② 신장 근처에 후대정맥 또는 후대동맥이 가장 큰 혈관으로 보이면 간을 위쪽으로 밀어내어 잘 보이도록 한다.

③ 19~21 G 바늘을 사용하여 삽입한다. 바늘이 들어갈 때 움직이지 않도록 첫째와 둘째손가락으로 고정시킨다.

④ 정맥의 경우 혈관을 관통하지 않도록 조심하고 천천히 채혈한다.

⑤ 정맥의 경우 혈관에 혈액이 다시 채워질 때까지 잠시 기다린 후 채혈을 계속하는데 3~4번 이상 채혈하기 어렵다(그림 3-7).

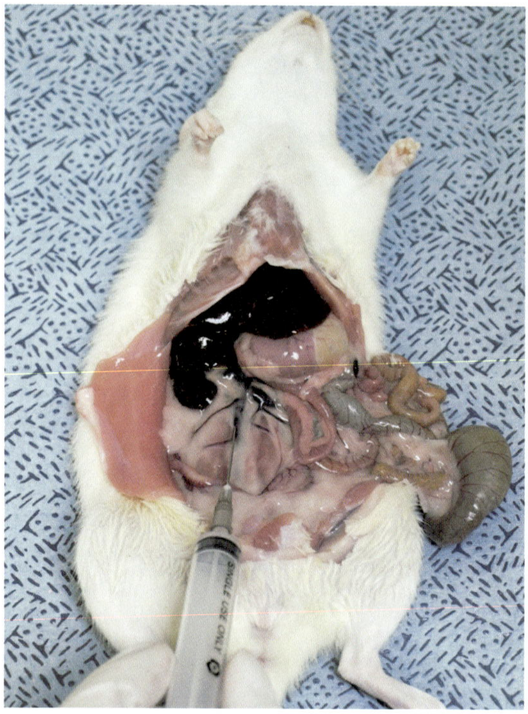

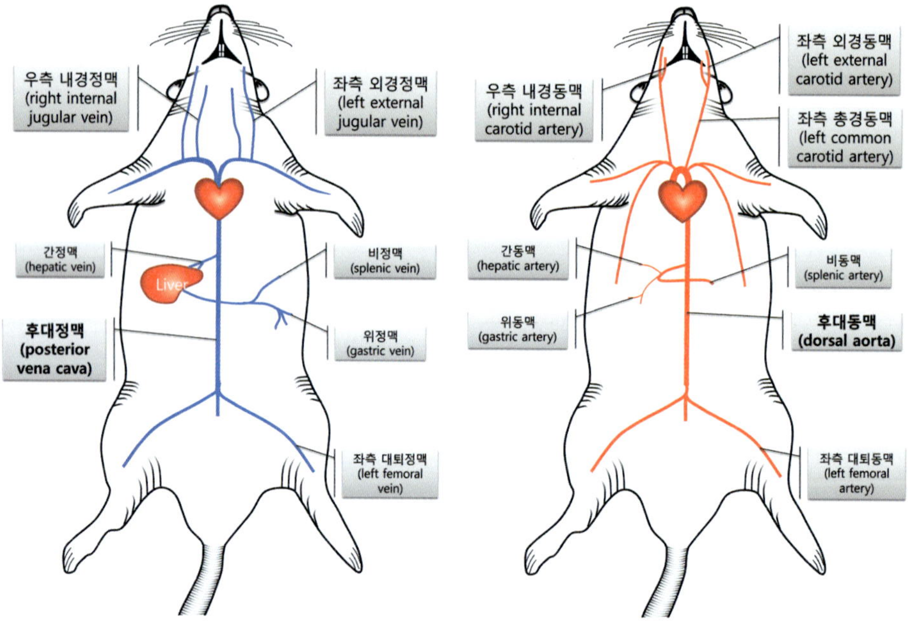

그림 3-7 • 후대정맥 · 후대동맥 채혈법

(4) 안구정맥채혈(orbital sinus)

스트레스를 줄이기 위해 마취시켜야 하며, 눈 뒤쪽의 조직에 손상을 줄 수도 있어서 꼬리정맥채혈법 등의 다른 방법을 사용할 수 없을 경우 이 방법을 선택한다.

① [그림 3-8]과 같이 쥐를 실험대에 놓고, 머리를 움직이지 못하게 강하게 잡는다. 눈 바로 뒤를 엄지와 집게손가락으로 누르면서 피부를 뒤쪽으로 잡아당겨 안구를 돌출하게 만든다.

② 직경 1~2 mm의 가는 관으로 된 헤파린 처리 모세관을 눈 안쪽 안구 옆에 대고 안구공 뒤쪽에 있는 안구정맥(orbital sinus)에 살짝 밀어 넣는다.

③ 안구정맥 혈관은 약하여 모세관 끝에 닿으면 파열되므로 모세관 현상으로 혈액이 채취된다.

④ 혈액이 잘 나오도록 모세관을 약간씩 돌려주며 넣는다(1 mL 이상의 혈액 채취 가능).

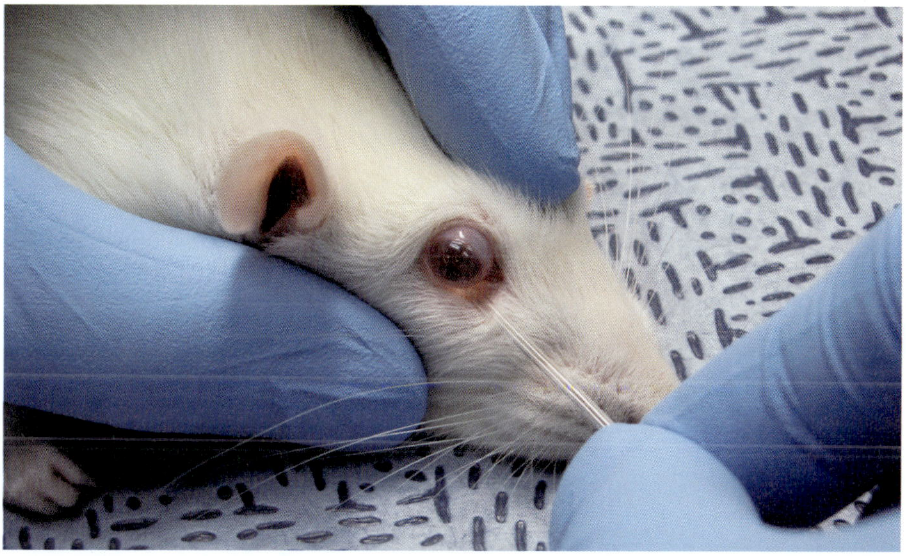

그림 3-8 • 안구정맥채혈법 : 안구 뒤쪽 뼈를 살살 긁으면 된다. 모세관 반대쪽을 낮게 해야 잘 된다.

2. 대소변채취법

1) 소변과 대변의 동시 채취

여러 종류의 대사상자를 사용할 수 있는데, 바닥이 철망으로 된 우리를 깔때기 모양 위에 올려놓아 소변은 깔때기 옆으로 홈을 타고 모아지고, 대변은 채취통에 모아지는 원리로 만든다. (그림 1-1)과 같이 시판되는 제품을 이용하거나 제작하여 사용할 수 있다.

2) 대변 채취

metabolic cage는 소변과 대변을 분리해서 채취할 수 있으나 약간은 섞일 수도 있다.

3. 유즙채취법

- 사람에게 사용하는 모유 채취기를 이용할 수 있다.
- 진공압력은 25~28 cmHg
- 유리관으로 컵을 만들어 젖꼭지에 씌워 연결해주는 역할을 한다(1 mL 피펫팁을 잘라 사용할 수 있다).
- 유즙 채취 4시간 전쯤에 새끼들을 분리하여 젖이 불도록 한다.
- 채취 30분 전에 옥시토신(oxytocin) 5 IU를 피하주사하여 유즙분비를 촉진시킨다.
- 유리관으로 된 컵을 한쪽씩 진공 상태가 되도록 몸통에 밀착하여 주며, 이때 젤 등으로 젖꼭지 주위에 발라주면 진공 상태가 잘 된다.
- 모유 채취기 등을 이용하여 진공 상태를 만든다.
- 유즙 채취 중에 젖꼭지 쪽을 향하여 가볍게 유선을 마사지해 준다.
- 유즙 분비가 되기까지 몇 분이 걸리며, 쥐가 불안해 하면 중지한다.
- 수유 7일된 쥐에서 3~7 mL/일의 유즙을 얻을 수 있다.
- 유선을 젖꼭지 쪽을 향하여 가볍게 마사지만 해도 몇 방울의 유즙을 얻을 수 있다.

4. 정액채취법

일반적으로 랫트의 정액은 응고선 효소인 베시큘라아제(vesiculase)에 의해서 사정 후 쉽게 응고되므로 교배 중 이러한 응고 덩어리가 암컷 랫트의 질에서 보이면 교배가 일어난 것을 알 수 있다. 이러한 응고를 막기 위해서 전기 사정을 이용한다.

4~24개월 된 랫트를 사용하는데 준비물은 다음과 같다.

- 양극의 직장용 전극(직경 4.8 mm, 고리형 전극)
- 10~60 cycle/s의 사인파(sine wave), 20 V 이하의 가청 주파 발진기(audio oscillator)

① 마취하지 않은 쥐의 배를 아래로 하여 사지를 고정시킨다.

② 꼬리와 뒤 몸통 쪽을 들어서 수용성 윤활제(젤리 등)를 바른 전극 부분을 직장에 천천히 삽입하여 전극의 끝이 요추 부위에 오게 한다. 윤활제에는 전도율을 높이기 위해 약간의 소금을 첨가해 준다.

③ 진동은 30회/초, 전압은 1~2초간에 0에서 2 V로 올린 후 5초간 유지하고, 다시 1~2초 사이에 0 V로 내려주고 10초간 유지한다. 이러한 자극 단위를 사정이 될 때까지 최고 25회까지 계속한다. 일반적으로 5~6회의 자극 후에 사정이 되며 랫트 아래에 따뜻한 유리접시를 받쳐 놓고 튜브에 채취한다.

Wistar 랫트의 경우 위에 열거한 전기자극 수치는 중요하다. 3 V 이상 또는 진동 60회/초 이상으로 했을 때 사정액이 응고되거나 응고된 정액이 요도를 막아 요독증으로 인해 죽을 수도 있다.

같은 쥐에서 여러 번 전기 사정을 시도할 수 있으며, 1회 사정에서 6000만 개의 정자를 얻을 수 있다. 사정으로 얻은 정자를 인공수정에 사용하기 위해서는 용액(증류수 7 mL, 난황 3 g, 중탄산나트륨 15 mg, 포도당 300 mg)에 넣어 사용한다.

제4장

일반 수술 기법

1. 마취
2. 수술 준비
3. 절개 및 봉합
4. 동물희생

CHAPTER 4

일반 수술 기법

1. 마취

마취의 목표는 감각을 마비시켜 동물의 통증을 감소시키는 것이다.

자극성, 휘발성 있는 마취제를 사용하는 것은 동물에게 스트레스를 줄 수 있고, 통증과 스트레스 등이 변수로 작용하여 실험 결과에 영향을 줄 수도 있으므로 주의해야 한다.

1) 마취법의 선택

마취법에는 호흡마취와 주사마취가 있다. 이 두 가지는 별개의 마취법이지만 실제로는 함께 사용하는 경우도 있다.

(1) 마취기구 및 방법

마취기구

① 호흡마취기구(ventilation pump)는 기관 안에 관을 삽입하고 이를 펌프에 연결하여 호기(내쉬기)와 흡기(들이마시기)를 강제로 시키는 방법으로 사람의 전신마취법과 유사하지만 번거로워 거의 사용하지 않는다.

② 마스크형 호흡마취는 쥐의 입과 코에 마스크를 씌우고 이 마스크 안에 마취제가 섞여 있는 공기를 서서히 주입하여 마취를 지속시키는 방법으로 간편하고 쥐에게 상해를 입힐 가능성이 적어 많이 사용되고 있다(그림 4-1).

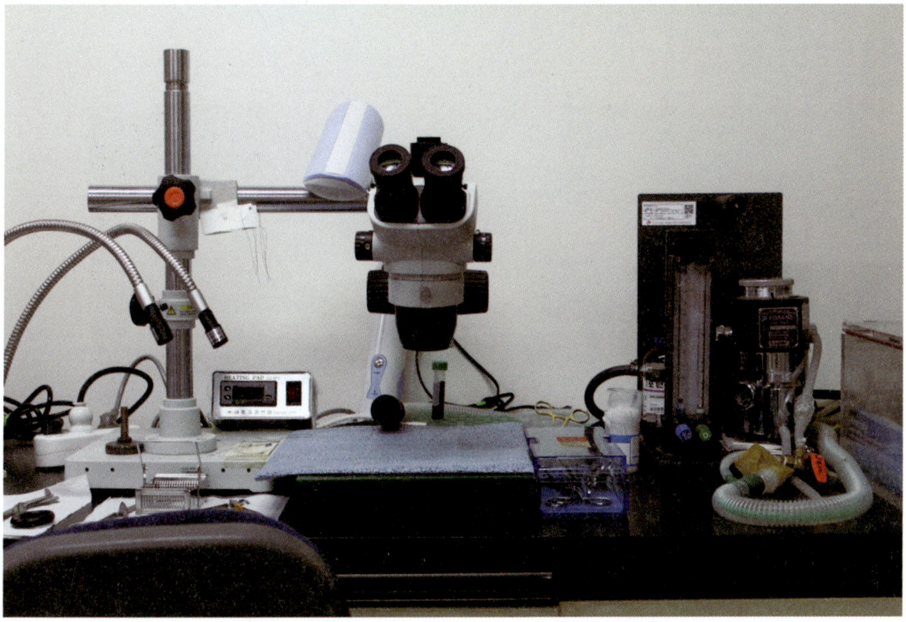

그림 4-1 • 마취기(우)와 수술대 · 현미경(중)

마취 방법

① 조그만 투명상자(마취상자, 그림 4-2)에 쥐를 넣고 마취가스를 넣으면 2~3분 내에 쥐가 비틀거리면서 정신을 잃는다. 이때 호흡패턴을 관찰하는 것이 중요한데, 일반적으로 마취의 강도가 강해질수록 호흡수가 줄어든다. 30초~1분 정도 마취가 유지된다.

② 이 이상의 마취가 필요하면 마취가스가 연결되어 있는 마스크를 입과 코에 씌우고 마취상자에서 쥐를 꺼낸다. 일반적으로 30분 정도까지 유지시키는 데는 아무 문제가 없으나, 호흡 변화를 세밀하게 관찰하며 마취가스의 양을 조절해야 한다.

③ 마취 지속 시 농도는 최초 마취 유발 시 농도보다 낮아야 한다.

④ 마취시간이 30분 정도일 때 마취에서 깨어나는 데에는 5~10분 정도가 소요되며 숙련자의 경우에는 전체 수술이 종료되기 5분 전에 마취 강도를 낮추거나 종료시켜 수술 후 마취에서 쉽게 깨어나도록 조절하기도 한다.

⑤ 호흡마취제는 마취 강도 조절이 쉽고 마취 후 빠르게 깨어나기 때문에 마취의 영향을 많이 받지 않는다는 장점이 있다.

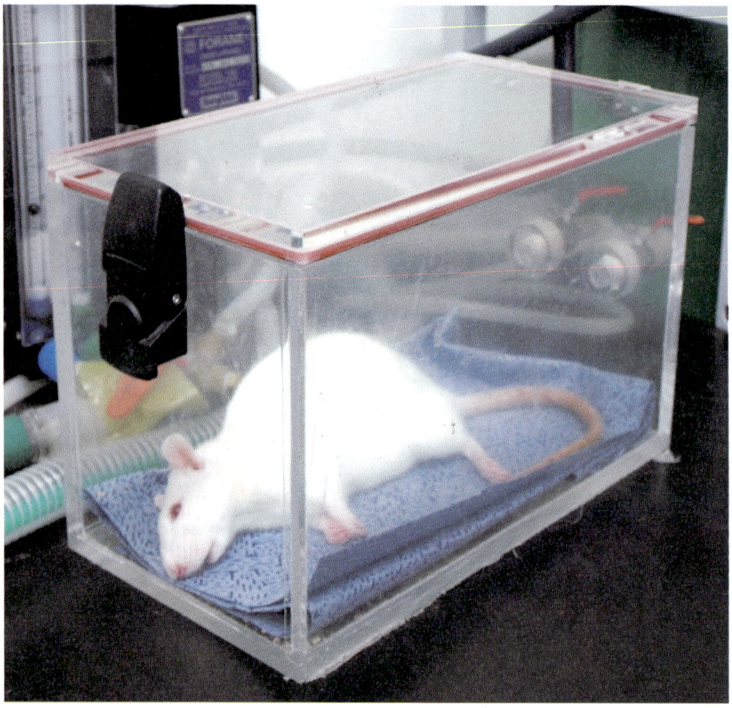

그림 4-2 • 마취상자

Tip 일반적으로 마취기보다는 마취상자를 많이 사용한다.

2) 호흡마취제

할로탄(halothane)

할로탄은 강력한 마취제로 쉽게 증발하고 불연성으로 폭발하지 않는다. 흡입할 때 불쾌하지 않으며 호흡기에 자극을 주지 않아 사용하기에 좋은 마취제이다. 마취력이 강력하므로 주입량 조절이 가능한 증발기(vaporizer)에서만 사용하여야 한다. 심혈관계 및 호흡기계 활동을 약화시킨다.

엔플루란(enflurane)

엔플루란은 할로탄보다 마취 유도 속도와 회복 속도가 약간 더 빠르다. 할로탄보다 더 안전하고 효과적인 마취를 할 수 있다.

이소플루란(isoflurane)

① 이소플루란에 의한 마취 유도와 회복은 할로탄보다 훨씬 빠르며, 불연성으로 폭발하지 않으나 매우 강력하기 때문에 주입량 조절이 가능한 증발기를 사용해야 한다.
② 할로탄과 마찬가지로 심혈관계 및 호흡기계 활동을 약화시킨다.
③ 할로탄보다 강한 냄새를 풍기지만 자극성은 없어서 마취를 유도할 때 쥐에게 큰 영향을 미치지 않는다.
④ 쥐에게 사용하기에 가장 적합한 마취제이나, 할로탄에 비하여 비싸다.

메톡시플루란(methoxyflurane)

① 주입량 조절이 가능한 증발기를 사용하거나 병에 고무마개를 끼우고 고무마개에 유리관 2개(긴 것, 짧은 것)를 꽂아 안에 마취약을 넣고 공기방울을 발생시키는 간단한 장치를 이용해도 된다.
② 메톡시플루란을 약솜에 적셔 마취상자에 넣어주기도 한다.
③ 할로탄에 비하여 마취를 유도하는 데 긴 시간이 걸리는 단점이 있으나, 안전하여 경험이 적은 실험자도 유용하게 쓸 수 있다. 이러한 안전성은 마취 정도를 판단하기 어려운 신생쥐를 마취할 때 좋다.
④ 메톡시플루란이 대사되면 무기불화물이온(inorganic fluoride ion)이 생성되기 때문에 장기간의 마취는 신장에 손상을 줄 수 있다.

N_2O 가스(nitrous oxide)

① N_2O 가스는 단독으로 수술을 위한 마취를 할 수 없으나, 진통작용이 있다.
② 60% N_2O 가스와 40% 산소가 혼합된 가스를 사용하면 산소공급과 약한 마취를 유지하는 장점을 모두 갖추게 된다. 이 혼합가스는 할로탄과 같은 다른 휘발성

마취제의 사용농도를 낮출 수 있어 더 안전한 마취를 유도할 수 있다.

③ N_2O 가스는 심혈관계 및 호흡기계에 영향을 주지 않기 때문에 안전하다.

에테르(ether)

① 에테르는 연소성, 휘발성이 있어 자극성이 있으며, 공기나 산소와 폭발성의 혼합물을 형성한다. 따라서 폭발 위험이 있으므로 주의가 필요하다.

② 에테르는 흡입 시에 불쾌감을 주며 자극성이 있어 기도의 분비물을 증가시키므로 호흡기 질병을 악화시킬 수 있으나, 저렴하여 실험실에서 많이 사용하고 있다.

③ 메톡시플루란과 같이 마취 유도 속도가 느리기 때문에 경험이 적은 실험자에게 적합하다. 실험동물의 교감신경을 활성화하여 혈압을 일정하게 유지시키는 장점이 있다.

3) 주사용 마취제(injectable anaesthetics)

(1) 주사용 마취제 투여 경로

대부분의 마취제는 복강, 근육 및 정맥의 경로로 투여한다.

복강주사 방식은 많은 양의 마취제를 주입시켜야 하며, 약의 흡수가 느리고 약의 잔여 효과가 오랫동안 지속되어 마취로부터 회복되는 데 많은 시간이 걸린다.

복강주사

① 여러 종류의 마취제를 사용할 수 있다.

② 동물에게 최소한의 스트레스와 통증으로 마취를 유도할 수 있다.

③ 부주의하면 마취제를 장의 내강, 방광, 피하지방으로 주입할 가능성이 있다.

근육주사

① 적은 양의 마취제를 대퇴사두근(quadriceps)에 주입하여 더욱 확실한 약의 흡수와 전달을 가져올 수 있다.

정맥주사

① 큰 동물의 마취에는 정맥주사 방식을 사용하며, 각 동물의 반응에 따라서 주입

량을 조절할 수 있기 때문에 부주의로 인한 과다 또는 과소 주입을 방지할 수 있다.

② 정맥주사 방식은 마취의 정도를 조절하는 데 장점이 있어 많은 종류의 마취제를 사용할 수 있으나, 기술적으로 어렵기 때문에 많이 사용하지 않는다.

(2) 주사용 마취제의 종류

화합물에 따라서 진통 효과가 작아 큰 수술에 적합하지 않은 것도 있지만 낮은 농도의 휘발성 마취제를 함께 투여하면 마취 효과를 증가시킬 수 있다.

단기간 마취(10분까지)

가. Propofol

① Propofol(10 mg/kg)을 쥐에게 정맥주사하였을 때 5분간 수술이 가능한 마취상태가 유지된다. 회복은 빠르게 진행되며, 반복하여 약물을 투여하여도 회복에 크게 영향이 없다.

② Propofol은 페놀류로, 물과 섞이지 않으므로 유화액과 함께 섞어 정맥주사용으로 사용한다.

③ 약한 저혈압증과 호흡기계 억제를 초래하여 많은 양을 주입하면 호흡정지(respiratory arrest)를 일으킨다. 그러나 빠른 속도로 대사되므로 환기를 충분히 하면 동물은 몇 분 안에 자발적 호흡(spontaneous respiration)을 다시 시작한다.

④ 빠른 속도로 재분배되고 대사되기 때문에, 피하주사 혹은 복강주사 방식은 효과적이지 않다.

나. Alphaxalone/Alphadolone

① 스테로이드 혼합물이므로 용해제(cremophor EL)에 녹여 준비한다.

② Cremophor EL은 일부 실험동물에서는 히스타민(histamine) 분비를 촉진시키나 큰 문제는 되지 않는다.

③ 정맥주사로 주입한 alphaxalone/alphadolone(10~15 mg/kg)은 근육이완이 되어 5분간의 마취 상태를 유지시킬 수 있다.

④ 심혈관계의 억제는 매우 적은 편이다. 마취제를 계속 투여하면 마취 상태를 연

장시킬 수 있다. 마취 상태로부터의 회복은 빠르며, 정향반사(righting reflex)를 되찾는 데 20~30분이 걸린다. 1회 투여량을 계속해서 다시 투여해도 회복시간은 크게 길어지지 않는다. Alphaxalone/alphadolone은 빠르게 대사되고 재분배되기 때문에 복강주사나 피하주사 방식은 효과적이지 않다.

Tip 정향반사란 이상 위치로부터 바른 자세로 복귀하는 반사를 말한다.

다. Thiopentone

① Barbiturate 계열로 정맥주사 시 수술하기에 적당한 마취 상태를 10여분 동안 유지한다.

② 약간의 심혈관계 및 호흡기계의 억제가 일어나며, 회복 속도는 빠르다.

③ 1회 투여량을 다시 투여하면 마취를 더 오래 유지할 수 있지만 회복 시간 또한 상당히 길어진다.

④ 이 마취제는 복강주사나 피하주사 방식으로 투여하면 효과가 없다.

라. Methohexitone

① 정맥주사(7~10 mg/kg)로 투여할 때에 thiopentone을 투여한 경우와 같이 짧은 마취 상태(5분)가 유도되고, 가벼운 심혈관계 및 호흡기계의 억제가 일어나며, 회복은 흥분 상태로 빠르게 일어난다.

② 1회 투여량을 추가로 투여할 때 2회까지는 회복 시간을 크게 연장시키지 않으면서 마취 시간을 늘릴 수 있다.

③ 이 마취제는 복강주사나 피하주사 방식으로 투여하면 효과가 없다.

중기간 마취(1시간까지)

가. Fentanyl/Medetomidine

① Fentanyl은 강력한 진통효과가 있다. Fentanyl(250 μg/kg)과 medetomidine(300 μg/kg)을 정맥주사하였을 때 약 45분 정도 마취가 유지된다.

② 단점으로 회복시간이 2시간 이상 걸린다.

③ 길항제인 nulbuphine(2 mg/kg)을 단독 혹은 atipamezole(1 mg/kg)과 함께 정맥주사 혹은 피하주사를 하면 회복시간을 줄일 수 있다.

나. Ketamine

① 교감신경을 자극하여 혈압과 맥박수를 상승시키며, 근육을 마비시키기 때문에 단독으로 사용하기에는 부적당하다. 다른 마취제와 함께 사용한다.

다. Ketamine/Xylazine

① 이 두 마취제는 혼합으로 광범위하게 사용된다.

② Ketamine(90 mg/kg)과 alpha-2 adrenergic agonist인 xylazine(10 mg/kg)을 함께 사용하여 1시간 이내 마취에 많이 사용한다.

라. Ketamine/Medetomidine

① Medetomidine은 xylazine보다 부작용이 적으며, 마취가 길고 확실하다.

② Ketamine(75 mg/kg)과 medetomidine(0.5 mg/kg)을 함께 사용한다.

마. Ketamine/Acepromazine

① Ketamine(75 mg/kg)과 acepromazine(2.5 mg/kg)을 함께 사용한다. 대부분의 설치류에 사용하기에 좋은 마취제이다.

바. Ketamine/Azaperone

① Ketamine(45 mg/kg)과 azaperone(25 mg/kg)을 함께 사용한다.

② 수술 시 매우 불안정적인 마취 상태를 보인다.

사. Tiletamine

① Ketamine과 같이 해리기억상실성 마취제이기에 단독으로 사용하기에는 부적당하다. Benzodiazepine, zolazepam과 혼합하여 시판되는 제품이 있다.

장기간 마취(1시간 이상)

장시간의 마취는 아래와 같은 여러 종류의 장시간 마취제를 사용하거나 한 가지 이상의 단기 마취제를 반복해서 투입하는 방법도 있다.

가. Inactin

① Barbiturate 계열로 쥐에 복강주사(80 mg/kg)한다.

나. Urethane

① Urethane은 길고 안정적인 마취가 유도되며 복강주사(1,000 mg/kg)한다.

② 발암물질이므로 주의하여 사용한다.

다. Chloralose

① Chloralose(55 mg/kg i.p.)는 가벼운 마취 상태를 일으키며, 투여량을 높이면 (65 mg/kg i.p.) 어느 정도 수술이 가능한 마취를 유도한다.

② 마취는 8~10시간 지속된다.

③ 마취의 유도는 먼저 휘발성 마취제로 마취를 유도한 후 chloralose를 주입하고, 그 후에 휘발성 마취제의 공급을 중단하는 것이 바람직하다. 실험동물을 생존시킬 필요가 없는 경우에 많이 사용한다.

라. Chloralose/Urethane

① Chloralose(80 mg/kg i.p.)와 urethane(400 mg/kg i.p.)의 혼합은 장시간의 마취를 일으키는 것으로 알려져 있다. Chloralose만 사용하는 것보다 더 빠르고 안정적이다.

마. 단기 마취제를 반복해서 투입하는 방법

① **연속적인 정맥주사 투여** : 정맥주사를 통해 alphaxalone/alphadolone, propofol, fentanyl/midazolam 그리고 etomidate/fentanyl과 같이 효과가 짧은 마취제를 연속적으로 정맥주사로 투여하여 장시간의 마취를 한다. Thiopentone 같은 단기 마취제인 barbiturate 계열보다는 propofol(0.6~1.5 mg/kg/min i.v.)과 alphaxalone/alphadolone(0.2~0.7 mg/kg/min i.v.) 같은 마취제가 효과적이다.

② **흡입마취제** : 모든 흡입형의 마취제는 장시간의 마취를 일으키는 데 사용할 수 있다. 동물을 마취로부터 회복시키려면, 상처나 피부를 봉합하는 과정 끝에 마취제의 농도를 낮춰 회복 시간을 단축시킨다.

Tip **주로 사용되는 마취법**

10분 이내의 마취가 필요한 경우

휘발성 마취제를 쓰는 것이 가장 간단하고 효과적인 방법이다. 휘발성 마취제를 사용할 수 없는 경우라면 propofol이나 alphaxalone/alphadolone을 정맥주사로 투여하는 것을 권장한다.

1시간 정도의 마취가 필요한 경우

- 휘발성의 마취제를 사용하거나, fentanyl/fluanisone(Hypnorm), midazolam을 혼합하거나, ketamine과 함께 xylazine 또는 medetomidine을 혼합하여 사용한다.
- 휘발성 마취제가 가장 좋은데, 그 이유는 마취 정도를 조절할 수 있고 마취로부터 빠르게 회복하기 때문이다.
- 시판되는 제품으로는 tiletamine과 zolazepam이 1:1로 혼합되어 있는 졸레틸 50(Zoletil 50, Virbac Lab.)과 xylazine 성분이 포함된 럼푼(Rompun, Bayer)이 있다.
- 사용약제 : 1) Zoletil™ 250 mg/5 mL (tiletamine + zolazepam 1:1혼합)
  2) Rompun 2% (xylazine HCL 23.3 mg/mL)
- 랫트 : Zoletil 0.1 mL/100 g (50 mg/kg)과 Rompun 0.025~0.04 mL/100 g (5~10 mg/kg)을 함께 근육주사함.
- 마우스 : 마우스의 경우 주사량이 작으므로 식염수에 10배로 희석하여 사용함.

  수술용 : Zoletil 0.006 mL/10 g (30 mg/kg)과 Rompun 0.004 mL/10 g (10 mg/kg)을 함께 근육주사(주사량을 10~20% 증량하여 주사할 수 있음).

  가벼운 마취 : Zoletil 0.008 mL/10 g (40 mg/kg)과 Rompun 0.002 mL/10 g (5 mg/kg)을 함께 근육주사함.

주사/흡입 마취제의 병용 투여

일부 주사마취제들의 조합은 대수술(예 개복술)을 하기에는 충분한 마취작용을 하지 못할 수 있다. 이때 추가로 주사마취제를 투여하는 것보다는 낮은 농도의(예 할로탄 0.25%~0.5%) 흡입마취제를 추가하는 것이 더 안전하고 간편하다. 마찬가지로, 흡입마취제를 사용할 때 강력한 주사마취제(예 fentanyl)를 더해주면 수술에 필요한 마취제 농도를 낮출 수 있다.

주사마취제에서의 회복

주사마취에 대한 회복은 특정한 길항제(antagonist drug)를 사용할 수 있다. 시판되는 제품으로 atipamezole과 yohimbine이 있다.

마취 정도 측정

뒷다리를 잡았을 때 빼는 동작이 있는지 여부를 관찰하여 마취 정도를 측정한다(pedal withdrawal reflex).

2. 수술 준비

1) 일반사항

동물의 적응

랫트 및 다른 설치류를 외부에서 구입할 경우, 이송된 후 동물은 혈중 코티코스테론의 상승, 심박동의 증가, 체중의 감소, 면역 기능의 저하 등의 생리적인 변화를 나타낸다. 그러므로 최소 7일 이상의 적응 기간을 통해 동물을 안정시키고 수술 전에 체중, 먹이와 물의 소모량 등을 평가해야 한다.

실험동물 정보기록

동물의 출처, 나이, 체중, 성별, 건강 상태, 사용된 마취제와 마취과정, 수술과정, 수술 중의 처치, 감염과 약물처치 등을 기록한다.

임상검사

동물의 건강 상태와 이송으로 인한 충격을 받지 않았는지 체크하는 것이 필요하다. 일단 비정상적인 행동이나 설사, 혹은 다른 질병에 대한 징후가 없어야 한다. 동물들이 건강해 보이더라도 잠재된 감염을 가지고 있을 수 있기 때문에 임상검사가 필요하다.

먹이와 물

수술 전날 밤에는 일반적으로 금식을 시킨다. 정상적인 먹이와 물의 섭취량을 측정해 두면 수술 후의 회복을 평가하는 데 도움이 된다.

수술 전 약물투여

대체로 수술을 위해 동물에게 약물투여를 할 필요는 없다. 하지만, 감염으로 인한 합병증의 가능성이 높을 경우에는 항생제를 투여하기도 한다(예를 들어, 소화관 수술 시). 이럴 경우 세팔로스포린(cephalosporin)과 같은 광범위 항생제를 수술 30~60분 전에 투여한다. 항생제는 내성균이 출현할 수 있으므로 연속적인 투약보다는 한 번에 대량 투여한다. 무균 상태를 잘 유지한다면 항생제를 사용할 일은 거의 없다. 만약 수술 시에 과도한 타액분비가 문제가 된다면 수술 전에 아트로핀(atropine sulphate)을 투약하는 것이 도움이 된다.

수술용 테이블과 수술대

① 수술용 랫트를 고정시키기 위한 가장 단순한 형태는 크기 355×305×20 mm의 코르크로 만든 수술대이다. 코르크는 고정핀을 쉽게 꽂을 수 있기 때문에 편리하나 유기물에 의해 오염되면 고압증기멸균기(autoclave)를 사용하지 않고는 완벽하게 씻어내고 소독하기가 어렵다. 따라서 고압증기멸균기로 소독하기 어려운 경우에는 수술마다 새로운 코르크 수술대를 사용해야 한다.

② 다른 수술대로는 1 cm 두께의 아크릴판으로 만든 것으로, 사지와 앞니를 부드러운 실로 끼워 고정시킬 수 있도록 되어 있다. 소독액으로 쉽게 씻어 낼 수 있어서 자주 사용한다(그림 4-6)

③ 랫트의 네 다리를 실, 고무밴드, 압핀, 해부용 핀, 피하주사침 등을 이용해서 수술대에 고정시킬 수 있는데, 이때 앞다리를 너무 세게 잡아당기면 숨을 쉬지 못하므로 부드럽게 당겨야 한다.

수술도구

동물 수술에 사용되는 수술도구는 보통 인체 수술에 사용하는 도구를 사용한다.

① 외과용 메스

② 현미경 수술용 가위, 현미경 수술용 핀셋

③ 포셉(forcep)

④ 지침기(needle holder)(그림 4-3)

⑤ 봉합용 스테이플(그림 4-4)

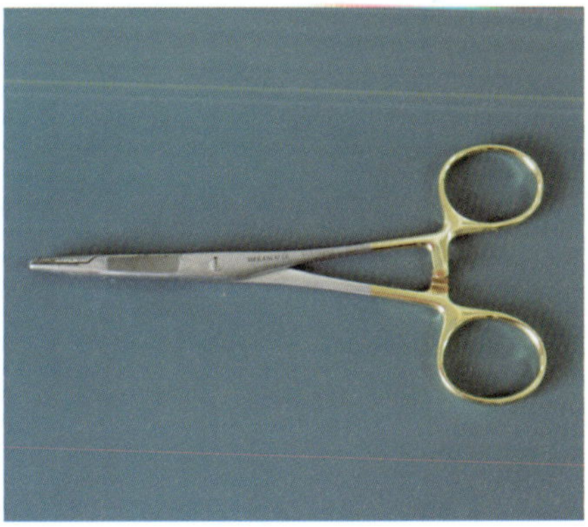

그림 4-3 • 지침기

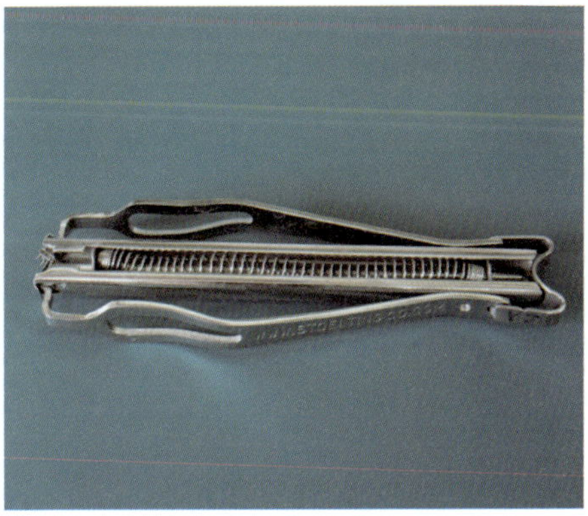

그림 4-4 • 봉합용 스테이플

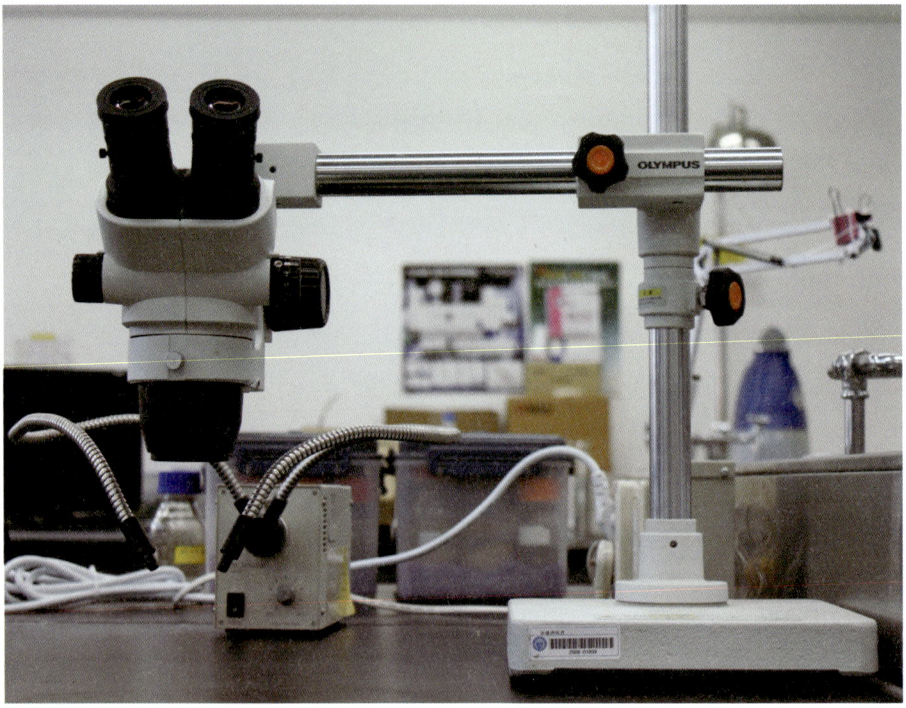

그림 4-5 • 해부 현미경

⑥ 해부 현미경(zoom binocular microscope)(그림 4-5)

⑦ 열이 발생하지 않는 밝은 조명

⑧ 그 외 거즈, 패드, 수술포, 탈지면 등

2) 멸균소독법

수술대와 수술도구 등은 반드시 멸균 상태이어야 하며, 사용하기 편리하도록 수술대 근처의 멸균된 수술포 위에 올려놓거나 멸균된 쟁반 위에 놓는다.

수술에 사용되는 품목들에 대해 먼지와 미생물을 제거하는 것은 필수적이다. 멸균법의 종류는 아래와 같다.

(1) 가열멸균법

① 도구들을 멸균하는 데 가장 선호하는 방법은 고압증기멸균기에 넣고 압력을 가

한 상태에서 스팀을 사용하여 멸균하는 것이다. 고압증기멸균기가 없다면 압력솥을 대신 사용해도 된다. 27 psi(pounds per square inch)의 압력과 132℃(270°F)의 온도에서 30분간 또는 121℃(250°F)에서 45분간 멸균하면 충분하다. 유리 비커나 유리 주사기와 같이 스팀이나 고온에 영향을 받지 않는 기구들을 소독할 때도 이런 방법을 쓸 수 있다.

② 습기에 약한 거즈, 종이타월 등은 160℃에서 1시간 정도 가열하는 건열멸균법이 적합하다.

③ 열에 약한 플라스틱 품목(예를 들면, 카테터)은 소독액(2% sodium carbonate)에 넣고 10분간 끓인다. 그러나 이 멸균법은 생장 능력이 있는 미생물은 제거하지만 포자를 없애지는 못한다.

(2) 방사선 조사법

① 감마선 조사법은 플라스틱으로 만들어진 도구와 장치(예를 들면, 주사기와 카테터)를 멸균하는 데 많이 사용된다. 멸균된 품목들은 포장되어 판매된다.

(3) EO(ethylene oxide) 가스 멸균법

① EO 가스로 멸균시키는 방법으로 소형 멸균기가 시판되고 있다. 이 방법은 특히 카테터와 캐뉼러의 소독에 적합하다. 그러나 EO 가스는 폭발성, 인화성, 유독성이 있기 때문에 특별한 주의가 필요하다.

② EO 가스 멸균기는 소독할 물품을 가스에 12시간 정도 멸균한 후, 대기 중에 12시간 정도 더 두어 포장제의 EO 가스가 제거되도록 한다.

(4) 화학멸균제(chemical disinfectants)

① 위에서 기술된 방법들의 대체 방안으로 도구들을 멸균제에 담가 소독하는 방법이 있는데 일반적으로 사용되는 용액은 70% 에틸알코올이다.

② 보통 소독할 품목들을 최소 15분 이상 멸균제에 담가야 한다.

3) 수술 중 고려사항(무균 기법)

수술하는 사람의 준비

① 손을 깨끗이 씻고 깨끗한 가운과 수술장갑을 준비한다.

동물 준비

① 동물을 마취하여 전기이발기로 수술 부위의 털을 제거한다(미세한 털은 면도기나 탈모제를 사용).

② 복부절개의 경우 가로, 세로 각각 2 cm 정도의 털을 제거하는 것이 적합하다.

③ 소형 진공청소기를 이용하여 제거된 털을 청소한다.

수술 시 동물의 자세

① 대부분 등을 바닥에 대고 눕힌 후 수술한다.

② ①의 자세에서 수술대에 고정시켜 놓은 끈을 이용하여 네 다리를 묶는다. 이때 지나치게 잡아당기지 않도록 주의해야 하는데, 특히 앞다리의 경우 너무 잡아당기면 호흡장애가 올 수 있다(그림 4-6).

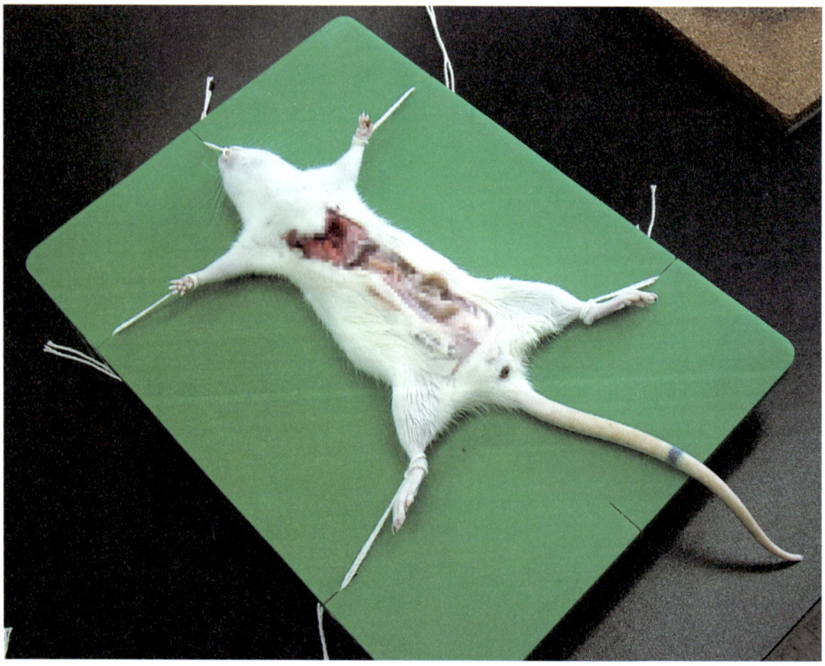

그림 4-6 • 수술대 위 고정 방법

③ 수술대는 나무판, 스티로폼판, 아크릴판 등으로 제작하여 만들어 사용할 수 있다.

소독제의 사용

① 수술 절개 부위는 분무기로 소독제를 뿌리거나, 또는 소독제를 적신 거즈나 탈지면으로 소독한다. 방향은 가운데에서 바깥으로 향해 닦는다. 일반적으로 70% 에탄올 또는 이소프로필알코올(isopropyl alcohol)이 사용되어 왔지만, 최근 새로운 약제들이 많이 등장하여 대체되고 있는 추세이다.

② 사용되는 소독제 종류
- chlorhexidine glucorate 0.5% (w/v) in 70% isopropyl alcohol
- benzalkonium chloride 0.1% (w/v) in 70% isopropyl alcohol
- povidone-iodine을 알코올 또는 물에 녹인 용액(10% (w/v))

③ Povidone-iodine 용액을 최근 많이 이용하고 있는데, 넓은 범위의 미생물에 효과적이고, 요오드를 함유하고 있음에도 착색되지 않는 장점이 있다. 절개 전에 피부에 소독제를 뿌린 다음 최소한 3분 정도 두어 피부표면에 있는 박테리아를 제거한다.

3. 절개 및 봉합

1) 수술적 접근 및 기구의 사용

(1) 메스절개

피부를 소독제로 처리한 후, 메스로 절개한다. 메스를 잡을 때에는 메스의 손잡이 부분을 손바닥 안에 쥐는 것과 같이 감싸고 손잡이 앞쪽 부분을 엄지끝과 중지 첫째 마디로 가볍게 지지한다. 그리고 검지는 칼날과 손잡이 경계 부위 약간 뒤쪽에서 칼등에 가볍게 얹는다. 절개 시에는 왼손 엄지와 검지로 피부를 당겨 고정하면서 한 번에 필요한 길이와 깊이로 피부를 절개한다(그림 4-7).

절개선이 길어서 한 번에 절개할 수 없을 때는 1/2 또는 1/3을 먼저 절개한 다음, 절개된 부위를 지혈 처리한 후 나머지 부분을 절개한다.

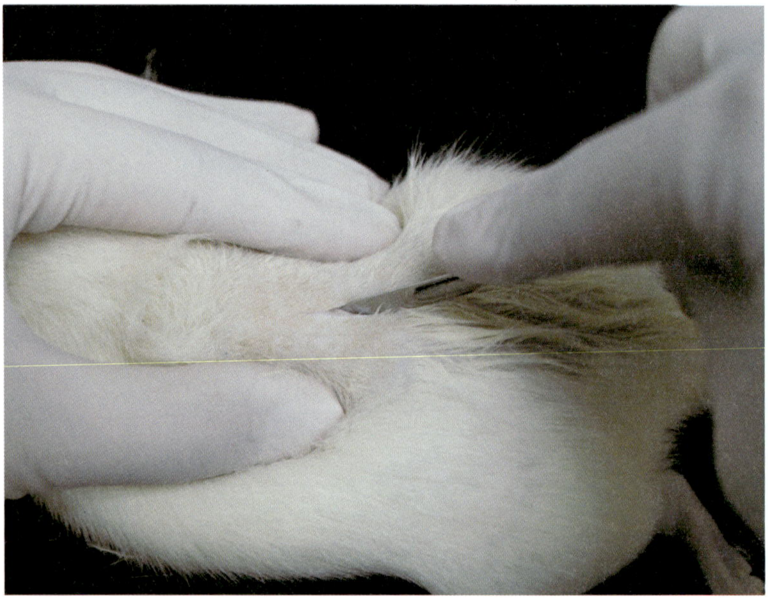

그림 4-7 • 메스절개법 : 털을 깎은 후 절개한다.

(2) 가위절개

엄지와 중지를 가위의 고리에 걸고, 검지를 가위의 경첩 부위에 놓고 사용한다(그림 4-8).

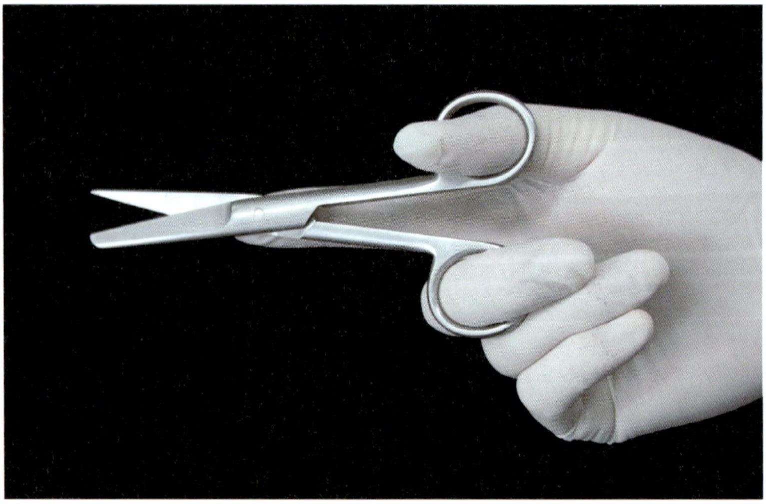

그림 4-8 • 가위 사용법

가위는 곧은 날 또는 구부러진 날, 그리고 무딘 끝 또는 날카로운 끝을 가진 것 등이 있다. 날카로운 끝을 가진 가위는 조직을 관통하는 절개에 이용할 수 있다. 그러나 날카로운 끝은 수술하는 동안 중요 혈관이나 내장을 찌를 수 있기 때문에 무딘 끝 가위를 사용하고, 복막절개 처음에는 날카로운 끝으로 찌르며 절개한다. 보통 수술용 가위에는 무딘 끝과 날카로운 끝이 함께 있다(그림 4-9).

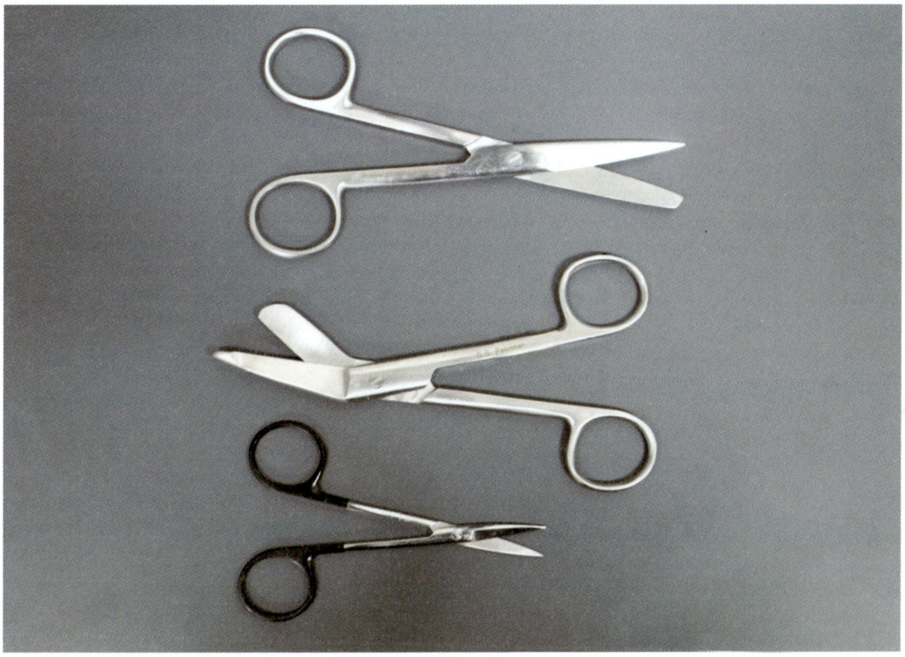

그림 4-9 • 수술가위

(3) 지혈

지혈로 출혈을 최소화하여 저혈량증(hypovolemia)이나 쇼크를 막고, 출혈된 혈액과 혈액응고로 인한 세균감염의 위험을 줄일 수 있다.

결찰지혈

① 절단된 혈관 끝을 봉합사로 묶는 방법으로, 가장 많이 사용되는 지혈법이다.

② 지혈겸자로 절단된 혈관 끝을 직각 방향으로 잡고 혈관을 집는다(그림 4-10).

③ 지혈겸자를 수직 위치에서 가볍게 위쪽으로 당겨서 혈관 주위에 봉합사를 걸친다.

④ 봉합사가 지혈겸자와 엉키지 않았는지 확인한 후, 봉합사로 묶고 매듭을 짓는다.

Tip 혈관이 잘리면 짧게 수축하여 잘 보이지 않으므로 지혈겸자로 집어 피가 지혈되면 바로 밑을 묶으면 된다.

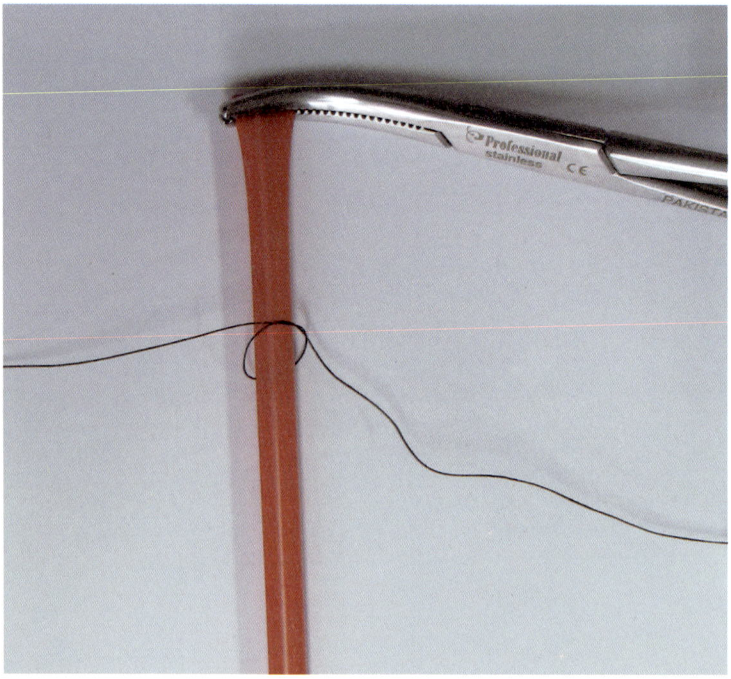

그림 4-10 • 혈관 결찰지혈법

봉합지혈

① 장기(예 간, 콩팥 등)의 절단면에서 출혈이 있을 때는 조직 자체가 단단하지 못하고 출혈량도 많기 때문에 절단면을 봉합하여 지혈시킨다.

② 장기 절단면의 가까운 모서리 끝에 일정한 간격으로 봉합사를 통과시켜 놓은 후 봉합사를 순서대로 천천히 조여 지혈시킨다(그림 4-11).

압박지혈

① 조직절개 후 출혈이 있는 곳에 거즈를 대고 손가락으로 강한 압박을 가함으로써 지혈시키는 방법이다.

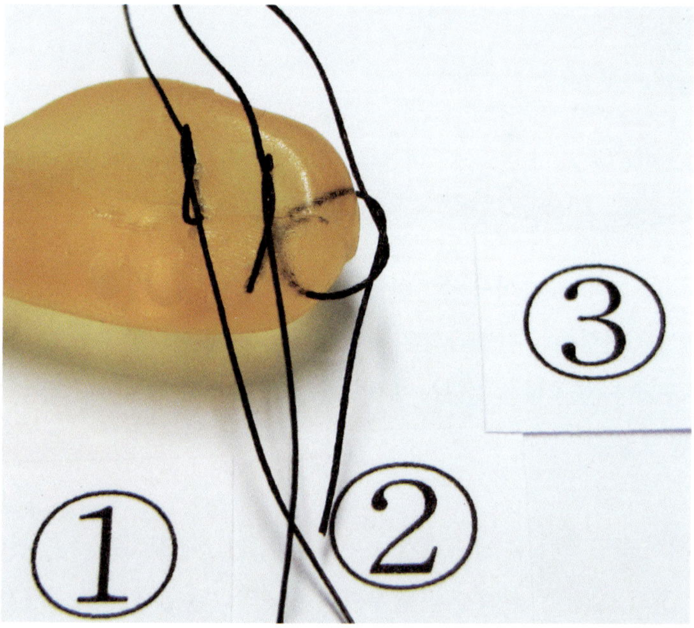

그림 4-11 • 봉합지혈 : 너무 세게 잡아당겨 묶으면 장기가 찢어질 수도 있으므로 주의한다.

② 압박에 의한 지혈은 어느 정도의 시간이 경과되어야 효과가 있으며, 봉합사, 괴사조직, 혈종 등이 없는 장점이 있다.

③ 혈관 결찰을 하지 않았기 때문에 수술 후 재출혈이 나타날 수 있다.

(4) 상처 세정

수술 시, 특히 하부 소화관이 파손된 경우 내용물의 복강 내 유출은 치명적인 감염을 유발할 수 있다. 이러한 유출이나 혈액 등의 오염은 37℃ 정도의 따뜻한 멸균 식염수(0.9%)로 충분히 세척하여 제거한다.

복막강 내 오염을 최소화하기 위해서는 따뜻한 멸균 식염수를 적신 솜으로 절개하려는 장의 구역을 구분한다.

2) 상처의 봉합

(1) 봉합침

봉합침(needle)은 크기, 만곡도, 바늘 끝 모양, 실 꿰는 부분에 따라 다양한 종류가 있다.

① **크기** : 10～20 mm 사이의 길이인 것이 일반적이다.

② **만곡도** : 직선형이나 반만곡형은 피부와 같이 쉽게 접근할 수 있는 조직의 봉합에 사용된다. 만곡형은 접근하기 어려운 조직의 봉합에 사용된다.

③ **바늘 끝 모양**

- 환침

  횡단면이 둥근 환침은 날카롭지는 못하지만, 조직에 상처를 주는 것이 적기 때문에, 장기, 뇌경막, 피하조직 등 부드러운 조직의 봉합에 주로 사용한다.

- 각침

  각침은 횡단면이 삼각형으로, 피부봉합이나 비교적 거칠고 딱딱한 조직의 봉합에 적당하다.

④ **실 꿰는 부분**

- 바늘귀가 있는 것

  바늘귀에 실을 꿰어야 하는 단점이 있지만, 피하나 피부봉합에 많이 쓰인다. 바늘귀 있는 쪽이 약간 굵고, 또 실의 접힘도 있어서 실제의 바늘이나 실의 굵기보다도 큰 상처를 낸다.

- 바늘귀가 없는 것

  실과 바늘이 붙어 있는 제품으로 바늘귀 부분도 똑같은 굵기이므로 침을 빼기 쉽고, 피부에 미치는 손상도 적다. 현재 피부봉합에서는 이러한 형태의 봉합침을 사용하는 경우가 많다. 바늘은 일회용이다(그림 4-12).

지침기(needle holder) (그림 4-3)를 사용하면 접근하기 어려운 구조물의 봉합과 결찰, 보조봉합을 더욱 정밀하게 할 수 있다. 사용 방법은 지침기의 손잡이에 엄지와 약지를 끼우고 지침기의 자루를 느슨하게 잡는다. 이때 검지는 지침기의 경첩 부위에 두어 지침기의 방향을 조절한다(그림 4-13).

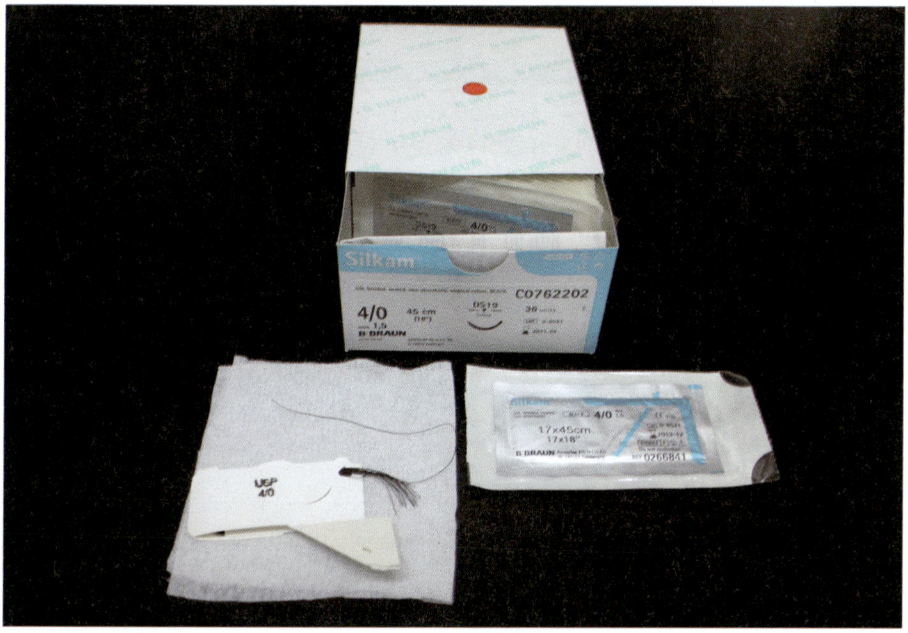

그림 4-12 • 봉합사가 붙어있는 봉합침

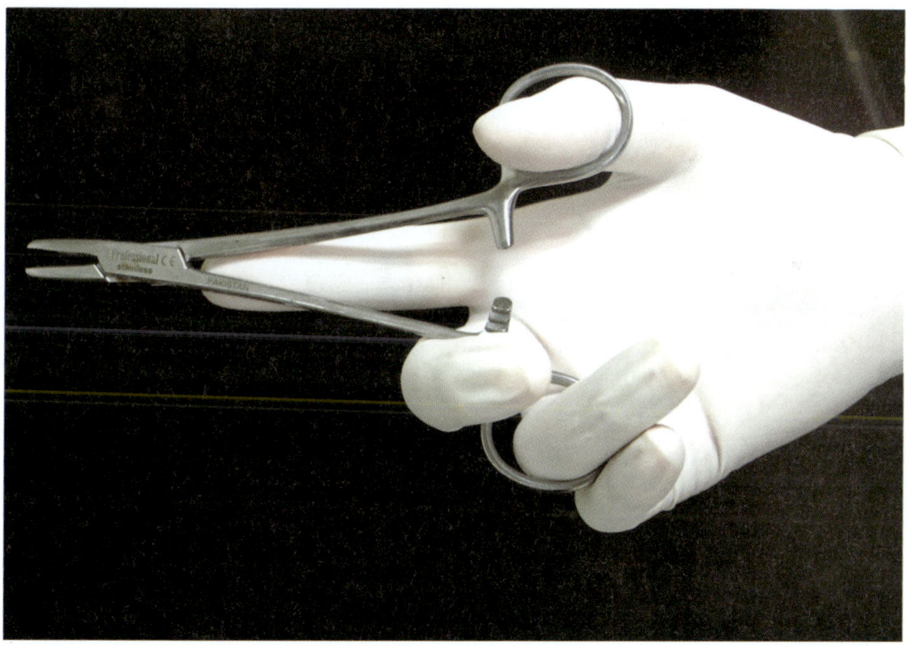

그림 4-13 • 지침기 사용법

⑵ 봉합사

일반적으로 흡수성 및 비흡수성 봉합사로 분류되는데, 흡수성 봉합사는 체내에서 대개 60일 이내에 분해되고, 비흡수성 봉합사는 분해되지 않는다.

흡수성 봉합사

자연사로는 장선(catgut)이 있고, 합성사로는 polyglactan, polyglicolic acid와 같은 합사(braided suture)와 polygliconate, polydioxanone과 같은 단섬유사(monofilament suture)가 있다.

① **장선(plain catgut, chromic catgut)** : 가축의 소장에 있는 교원질을 추출해서 만들며 단순 장선에 흡수가 늦도록 크롬 처리된 것이 크롬장선이다. 이들은 체내의 단백질 분해 효소에 의해서 60일 이내에 소화되며 조직반응이 비교적 심하고, 긴장강도는 7~10일 내에 급격히 소실된다.

② **Polyglactan(Vicryl)** : 60~90일에 흡수되고 2주가량 긴장강도를 유지한다. 비교적 조직반응이 적어서 심층봉합에 흔히 쓰이나 가끔 염증반응과 함께 피부표면으로 밀고 나오는 경우가 있다.

③ **Polyglicolic acid(Dexon)** : 90~120일 사이에 흡수되며 비교적 조직반응이 적다. 긴장강도의 반감기가 2주밖에 되지 않는다.

④ **Polydioxanone** : 120~180일에 흡수되며 조직반응이 매우 적으며 6주까지 끊어지지 않는다.

비흡수성 봉합사

자연사로는 실크가 가장 많이 사용되며, 다루기 쉽고 피부를 봉합하는 데 유용하다. 합성사로는 나일론(polyamide), 폴리에스테르(mersilene), 폴리프로필렌(prolene) 등이 있으며 조직반응이 적어서 피부봉합이나 진피 내 연속봉합에 적합하다. 프로필렌은 나일론보다 긴장강도의 유지력이 좋아서 봉합 후 1년이 지나도 원래 장력의 15~20%밖에 잃지 않는다.

Tip

- 봉합사는 멸균 또는 비멸균 팩으로 시판된다.
- 비흡수성 봉합사는 고압멸균 방법으로 반복 멸균할 수 있으나, 흡수성 봉합사는 다시 멸균할 수 없다.
- 봉합사는 0에서 11/0까지 다양한 두께가 있다. 랫트 봉합에는 일반적으로 3/0 또는 4/0이 가장 유용하다.

(3) 매듭 만들기

쥐 수술의 기본적인 매듭은 리프매듭(reef knot)이다.

① 왼손 포셉(forcep)으로 봉합사의 긴 끝(오른쪽)을 잡는다(그림 4-14-①).

② 왼손으로 잡은 봉합사로 오른손 포셉을 감는다(그림 4-14-②).

③ 오른손 포셉으로 봉합사의 짧은 끝(왼쪽)을 잡는다(그림 4-14-③).

④ 양쪽 끝을 단단하게 잡아당겨 첫 매듭을 만든다(그림 4-14-④).

⑤ 이 과정을 반대 방향으로 반복한다. 왼손으로 잡은 봉합사로 오른손 포셉을 감는다(그림 4-14-⑤).

⑥ 오른손 포셉으로 봉합사의 짧은 끝(오른쪽)을 잡는다(그림 4-14-⑥).

⑦ 양쪽 끝을 잡아당기면 두 번째 매듭이 만들어지고, 리프매듭이 완성된다(그림 4-14-⑦).

⑧ 만들어진 매듭은 상처 면의 가운데가 아니라 한쪽으로 치우치게 살짝 당기는 것이 감염방지에 유리하다.

⑨ 이 매듭은 튼튼하고 풀리지 않아 안정성이 높다.

⑩ 연속봉합 등 거의 모든 봉합은 리프매듭으로 시작한다.

⑪ 매듭을 짓고 남은 부분을 자를 때는 적어도 5 mm 정도의 봉합사를 남겨두어야 풀리지 않는다.

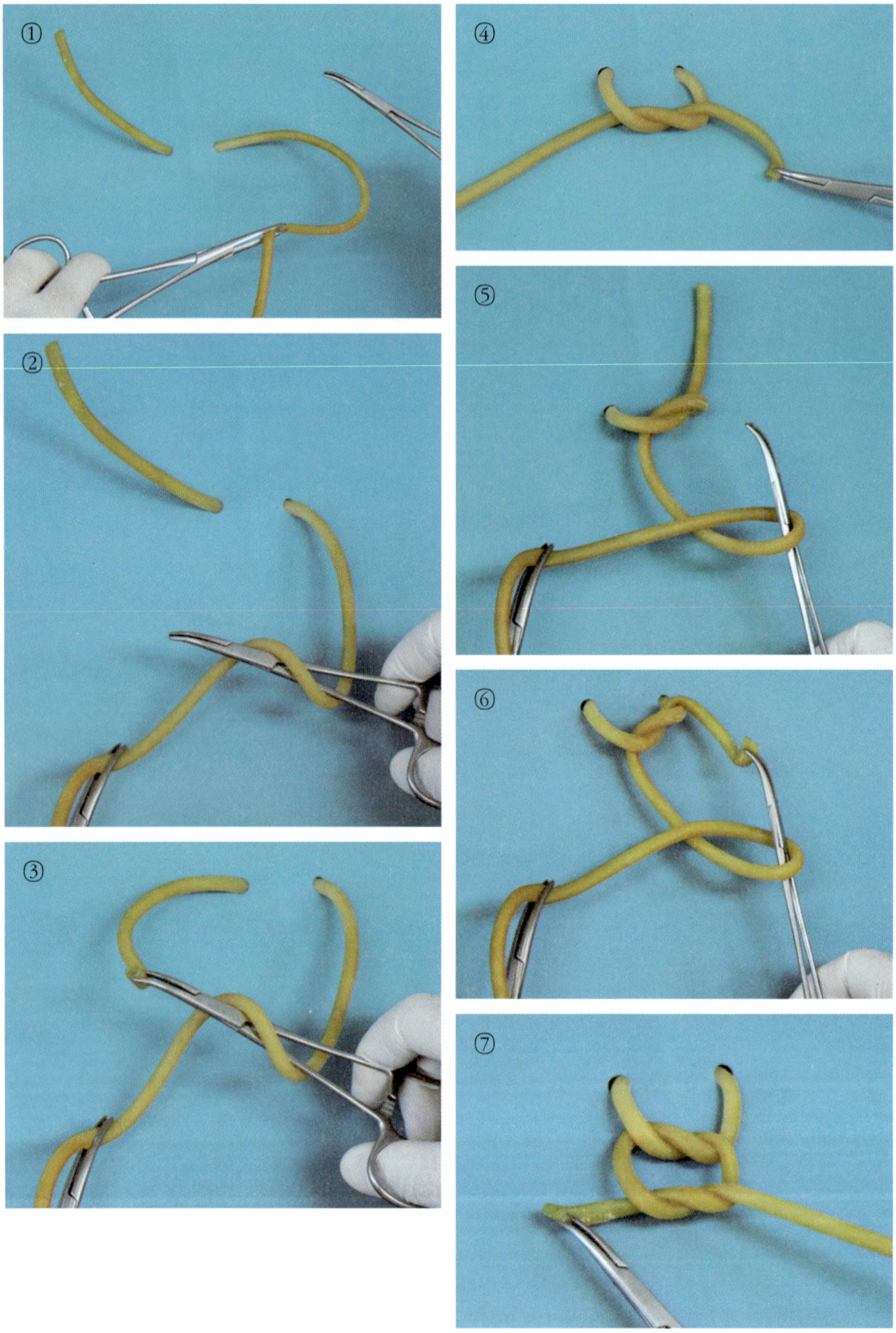

그림 4-14 • 리프매듭법

(4) 봉합의 종류

연속봉합

① 첫 봉합을 매듭한 후 연속적으로 봉합을 하고 끝 지점에 이르러 마지막 매듭을 짓는다(그림 4-15).

② 쉽고 빠른 장점이 있지만 봉합 전체가 한 줄의 봉합사이기 때문에 어느 한 곳이 절단되면, 봉합 전체가 느슨해져서 창상의 파열이 일어난다. 따라서 봉합사에 의해서만 지탱되어야 할 조직에는 연속봉합은 좋지 않다.

③ 봉합사를 지나치게 잡아당길 경우 주름이 생길 수 있으므로 주의한다.

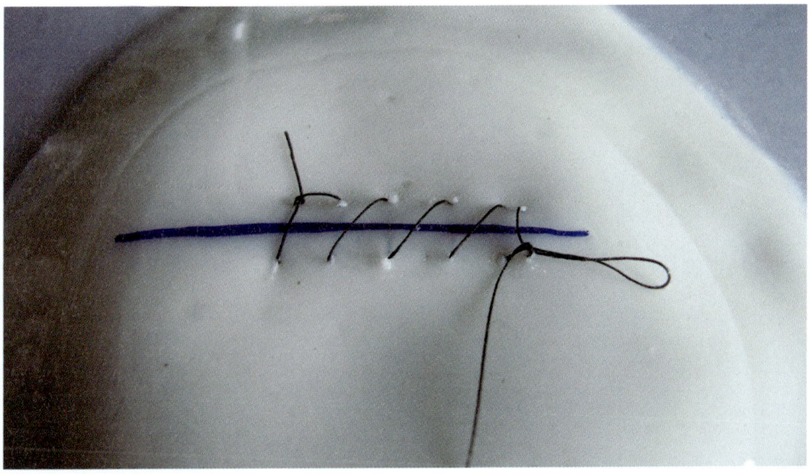

그림 4-15 • 연속봉합

단속봉합

① 봉합할 때마다 별개의 매듭을 지어 봉합하는 방법이다.

② 시간이 많이 걸리나 절개 부위를 정확하고 일정하게 봉합하여 일직선으로 만들 수 있으며, 연속봉합보다 확실하게 봉합할 수 있다.

③ 단속봉합은 초보자에게 가장 안전한 방법이며 연속봉합보다 위험성이 적고, 미세혈관 수술과 같은 전문적인 수술의 경우에는 단속봉합이 필수적이다(그림 4-16).

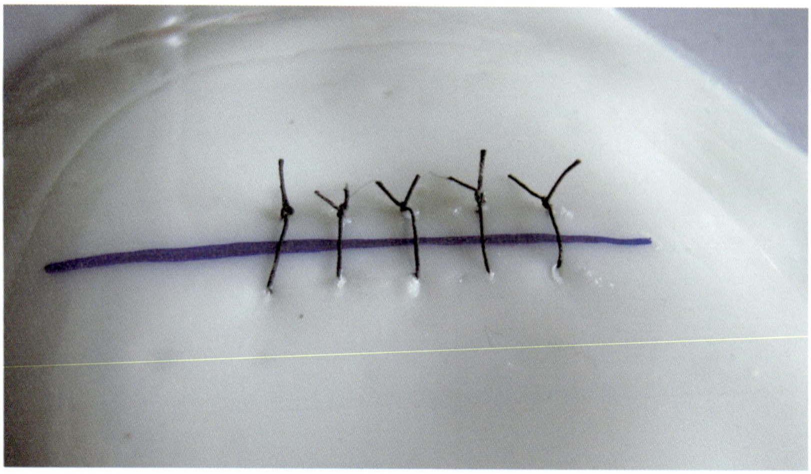

그림 4-16 • 단속봉합

수평 매트리스 봉합

① 단속봉합과 같이 봉합사를 절개 부위에 통과시킨 후, 봉합사가 나온 옆에서 평행하게 다시 절개 부위를 반대로 통과한 후 묶는 방법으로 절개 부위의 한쪽 면에 봉합 매듭이 치우쳐 있다. 그림의 좌하, 우하, 우상, 좌상(혹은 우하, 좌하, 좌상, 우상) 순서대로 바늘을 통과하여 봉합한다.

② 비교적 자주 쓰이는 봉합법 가운데 하나로써, 절단면을 외반시키기 위해 사용된다(그림 4-17).

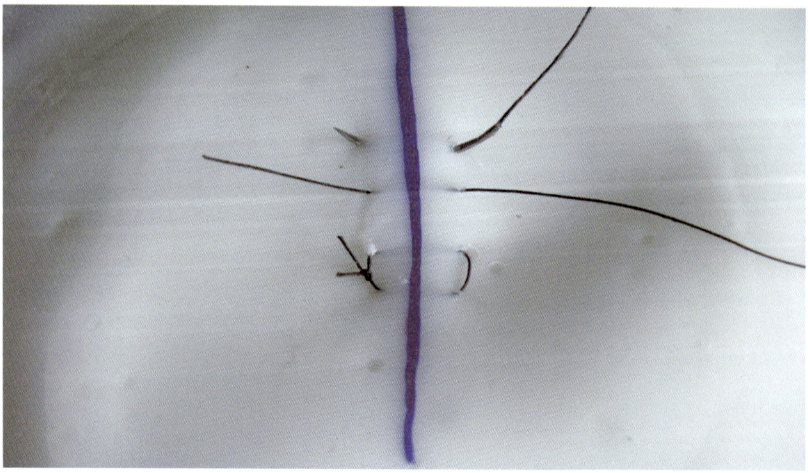

그림 4-17 • 수평 매트리스 봉합

Tip

- 랫트는 조직이 얇으므로, 중앙 복부절개의 봉합은 두 단계 절차로 이루어진다. 먼저 복막과 근육을 함께 봉합하고 피부를 봉합한다.
- 비만한 동물에서는 연속봉합으로 피하지방을 봉합하는 것이 좋다. 이 방법은 수술 중에 감염의 요인이 될 체액 축적의 위험을 최소화시킨다.
- 피부는 3/0 또는 4/0 단섬유 나일론이나 꼰(braided) 실크를 이용한 단속 매트리스 봉합, 또는 봉합클립을 사용하여 봉합할 수 있다(그림 4-4)
- 클립을 이용한 후 약 8일이 지나면 국소감염의 가능성을 증가시킬 수 있으므로 제거하여야 한다.

4. 동물희생(안락사 방법)

1) 마취제 과량 투여법

펜토바비탈을 복강 내로 과량(120 mg/kg) 투여하면 쥐는 잠이 든 후 죽게 된다. 그 이후에 확인을 위해 경추탈골을 시행할 수 있다.

2) 이산화탄소법

쥐를 투명 아크릴이나 유리 상자에 담아서 이산화탄소에 노출되는 동안 관찰하는 방법이다. 압축가스 실린더를 이용해 이산화탄소가 파이프를 통해 상자 안으로 들어가도록 하면 천천히 증가하는 이산화탄소가 쥐의 중추신경계에 영향을 끼쳐 의식을 잃게 되는데, 100% 이산화탄소에 급격하게 노출되어 질식사시키는 것은 피한다. 한 번에 많은 쥐를 안락사시키는 데 적절한 방법이다.

3) 단두법(기요틴, guillotine)

쥐를 단두하기 전에 가볍게 마취시키거나 기절시켜야 하며, 마취 또는 기절한 쥐의 머리를 가위 등으로 자르는 것도 단두법이다. 이 방법을 인도적으로 행하기 위해서는 기술적으로 재빨리 시행하는 것이 중요하다(기요틴은 그림 3-1 참조).

4) 경추탈골법

실험자에게 불쾌한 심리적 영향을 미치기는 하지만, 가장 인도적인 방법이다(그림 4-18). 경추탈골을 하기 전에 쥐를 기절시키거나 무의식 상태로 만들어 시술하는데, 기절시키기 위해 실험자는 쥐의 꼬리나 몸통 아랫부분을 잡고 휘둘러 쥐의 머리를 실험대 모서리와 같은 단단한 물체에 세게 부딪친다. 경추탈골에 실패하여 여러 번 시도하는 것은 쥐에게 큰 불안감과 고통을 안겨주므로 이 과정을 정확하게 시행하여 머리만 단단한 물체에 부딪히도록 해야 한다.

쥐는 보통 기절한 후 몇 초 내에 경련 상태로 들어가 몸부림을 치기 때문에 이때는 목의 위치를 파악하여 부러뜨리는 것이 어렵게 되므로, 목을 단단히 고정하고 꼬리를 한 번에 잡아당겨 재빨리 시행하는 것이 좋다. 초보자는 마취를 약간 한 후 시행한다.

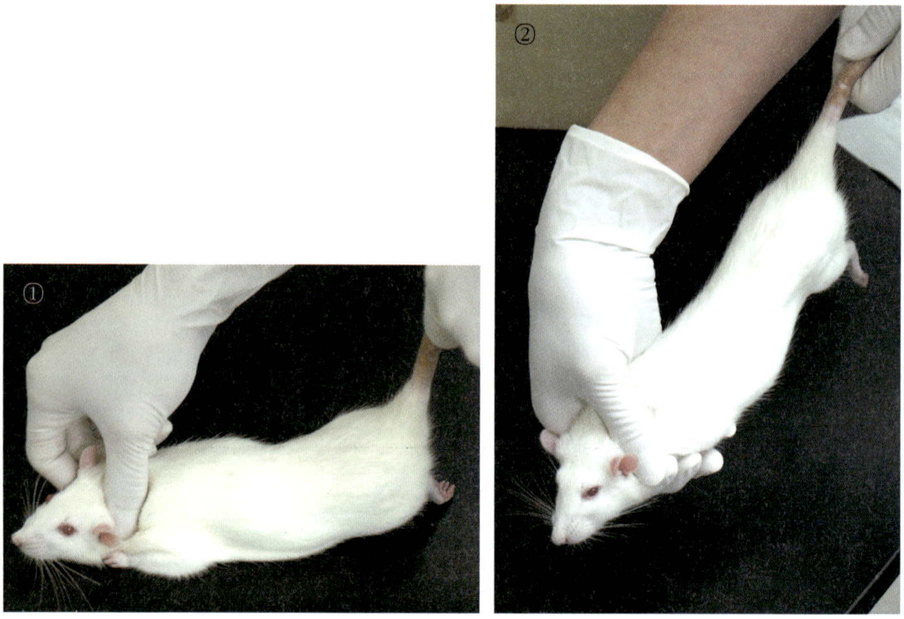

그림 4-18 • 경추탈골법

Tip

- 바닥에서 시행하거나(①), 손으로 들고 시행할 수 있다(②).
- 꼬리 껍질이 벗겨질 수 있으므로 몸통 가까이 단단히 잡는다.

Tip

- 안락사 방법에 따라 손상 부위가 다르므로 연구에 따라 선택한다.
- 이산화탄소법은 간의 초미세구조에 영향을 미친다.
- 복강 내에 펜토바비탈을 투여하면 비장비대, 소장막의 국소 울혈, 간과 신장 괴사를 일으킨다.
- 일반적으로 이산화탄소에 과다노출시키거나, 복강에 펜토바르비탈을 투여하여 안락사시키는 방법은 폐 연구에 적합하고, 경부탈구나 단두는 복부의 내장을 살펴보거나 생화학적으로 정상적인(손상되지 않은) 조직이나 세포를 얻는 데 더 적합하다.

제5장

기타 유용한 정보들

CHAPTER 5

기타 유용한 정보들

1. 개체 확인 방법

1) 귀 표시법

쥐의 개체 확인을 영구적으로 할 수 있는 좋은 방법은 귀를 V자로 잘라 표시하거나, 펀치를 이용하여 구멍을 뚫는 것이다. 작은 날카로운 가위로 귀를 V자로 자르는 방식은 표 5-1과 같이 번호를 붙인다.

표 5-1 • 귀를 이용한 개체 식별 방법(15마리 이하)

쥐	V자로 자른 수		확인	V자로 자른 전체 수
	왼쪽 귀	오른쪽 귀		
1	0	0	P(plain)	0
2	1	0	L1	1
3	0	1	R1	1
4	1	1	B1(both)	2
5	2	0	L2	2
6	0	2	R2	2
7	2	1	L2R1	3
8	1	2	R2L1	3
9	3	0	L3	3
10	0	3	R3	3

(계속)

쥐	V자로 자른 수		확인	V자로 자른 전체 수
	왼쪽 귀	오른쪽 귀		
11	2	2	B2	4
12	3	1	L3R1	4
13	1	3	R3L1	4
14	4	0	L4	4
15	0	4	R4	4

P : 없는 경우, L : 왼쪽 귀, R : 오른쪽 귀, B : 양쪽 귀. 예 : B1 – 양쪽 1개씩 표시

15마리 이상의 쥐를 표시하려면 귀의 여러 곳에 구멍을 뚫는 방법을 V자와 병행하여 할 수 있다(그림 5-1).

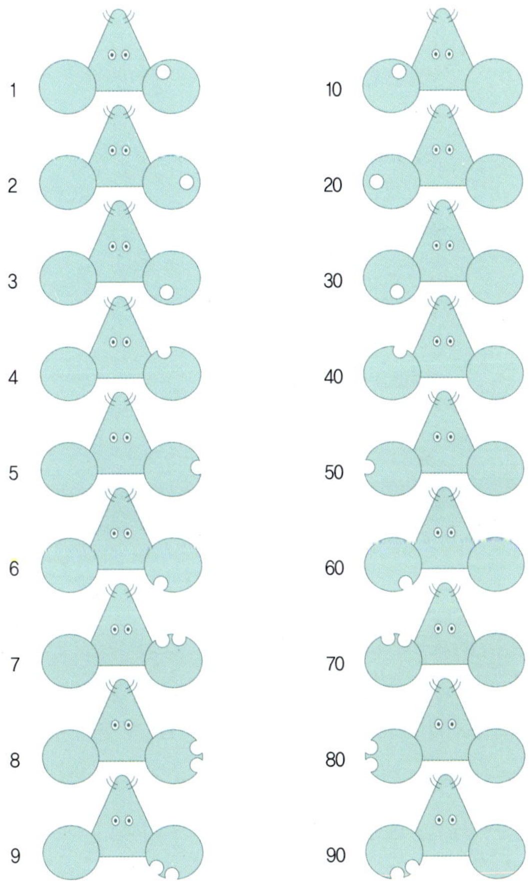

그림 5-1 • 귀를 이용한 개체 식별 방법(99마리 이하)

2) 염색법

단기간 실험에서 쥐 개체를 확인하는 방법으로 수성 또는 유성 펜으로 꼬리에 표시할 수 있다. 10마리 이하가 적당하나 펜의 색깔을 바꾸면 그 이상도 가능하다(그림 5-2).

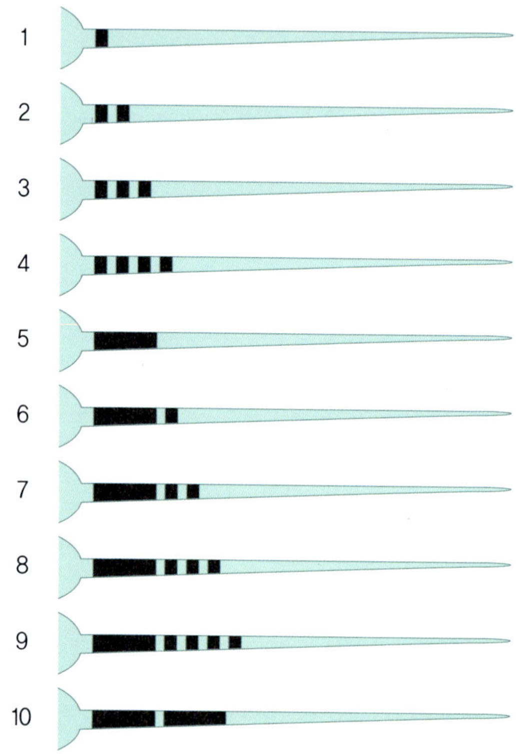

그림 5-2 • 꼬리를 이용한 개체식별법(10마리 이하)

3) 마이크로칩 삽입법

피하조직에 마이크로칩(microchip)을 삽입하여 쥐를 영구적, 개별적으로 확인할 수 있는 방법이다. 각 칩은 고유번호를 가지고 있고 이는 특수 감지기를 사용해서 읽을 수 있다. 간단하고 신뢰할 만하나 비교적 가격이 비싸다.

4) 문신법

문신기계를 사용하여 쥐꼬리에 숫자를 문신하는 방법으로 실험동물의 숫자가 아주 많거나 실험기간이 길어 장시간 동안 동물을 사육해야 하는 경우에 유용하다.

5) 신생쥐 표시법

생후 10일 정도의 신생쥐를 표시하기 위해서는, 보통 날카로운 가위와 간단한 코드를 이용하여 한쪽 혹은 양쪽 발의 발가락을 하나 또는 그 이상 자르는 방법을 사용한다. 신생쥐에게는 고통스럽기 때문에 색깔이 있는 쥐에만 사용하고, 흰색 신생쥐에게는 몸에 점을 찍어 표시한다.

2. 발정기의 확인

1) 질도말(vaginal smear)

끝이 둥글고 뭉뚝한 작은 금속 스패튤라(spatula)를 물에 담근 후, 질 입구 안으로 깊이 삽입한다. 스패튤라로 질 벽을 부드럽게 긁어내어 채취물을 깨끗한 유리 슬라이드에 펴서 바르고 공기 중에 말린다. 이때 질 벽을 지나치게 긁어내지 않도록 주의해야 한다.

또 다른 방법으로는 면봉이나 핀셋으로 솜을 둥글게 말아 물에 적셔서 질 안에 넣고 잘 돌린 다음 슬라이드에 펴서 바르거나, 피펫으로 물 한 방울 정도를 질에 2~3회 넣었다 빼서 슬라이드에 옮기고 공기 중에 말린다(그림 5-3).

마른 슬라이드는 0.1% 메틸렌블루(methylene blue)(w/v) 수용액에 담근 후, 흐르는 물에 두었다가 조심스럽게 꺼내서 잔유물을 제거한다. 슬라이드를 위로 하여 말린 후 저해상도 현미경으로 검사한다. 다른 염색법으로는 김사염색(Giemsa stain) 등이 있다.

표 5-2 • 랫트 질도말표본 발정주기(estrous cycle) 판정 기준

발정전기 (proestrus)	외음부	종창 발적
	도말표본	큰 원형의 유핵상피세포(large nucleated epithelial cells)가 대부분을 차지함.
발정기 (estrus)	외음부	종창 발적이 현저해짐.
	도말표본	유핵상피세포는 감소되며 큰 다각형의 무핵각화상피세포(non-nucleated cornified epithelial cells)가 현저해짐.
발정후기 (metestrus)	외음부	종창 발적이 사라짐.
	도말표본	백혈구(호중구, polymorphonuclear cells)가 현저하여 대부분을 차지하며, 각화상피세포(cornified epithelial cells)는 현저히 감소됨.
발정휴지기 (diestrus)	외음부	종창 발적이 사라짐.
	도말표본	무정형의 점액이 풍부하여 세포 밀도가 가장 낮음. 호중구가 감소되나 여전히 가장 많은 세포로 관찰되고, 유핵상피세포가 출현됨.

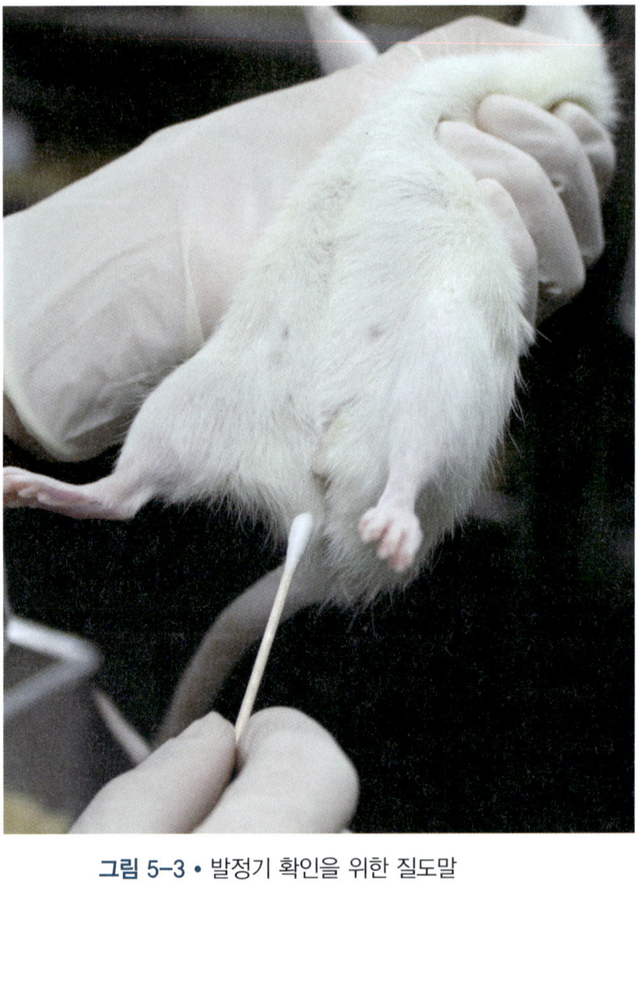

그림 5-3 • 발정기 확인을 위한 질도말

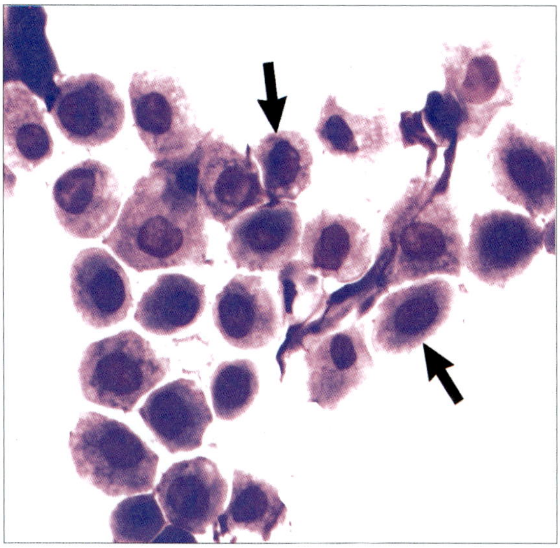

발정전기(proestrus) : 큰 원형의 유핵상피세포(large nucleated epithelial cells, 화살표)가 대부분임. (Giemsa stain, bar=20 μm)

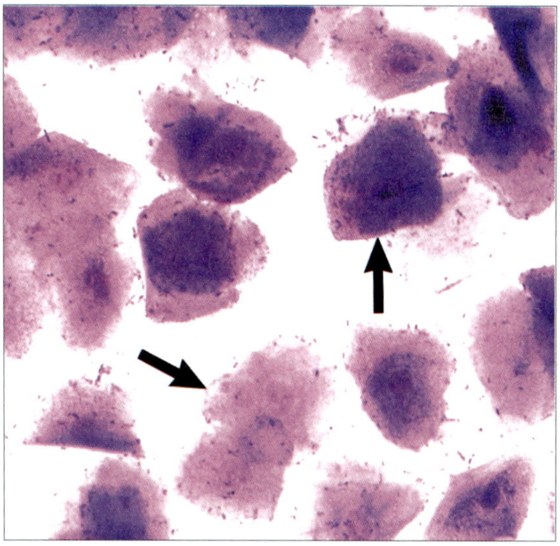

발정기(estrus) : 큰 다각형의 무핵각화상피세포(non-nucleated cornified epithelial cells, 화살표)가 현저해짐. (Giemsa stain, bar=20 μm)

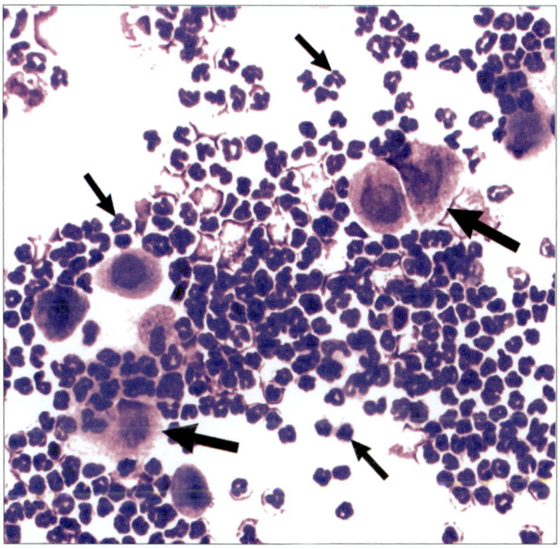

발정후기(metestrus) : 백혈구(polymorphonuclear cells, 호중구, 얇은 화살표)가 현저하여 대부분을 차지하며, 각화상피세포(cornified epithelial cells, 두꺼운 화살표)는 현저히 감소됨. (Giemsa stain, bar=20 μm)

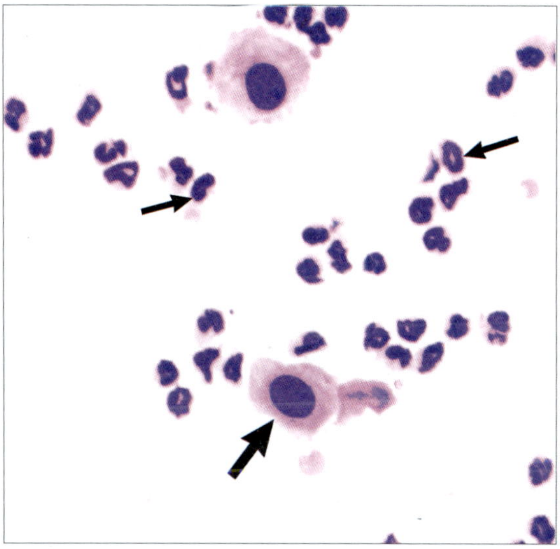

발정휴지기(diestrus) : 무정형의 점액이 풍부하여 세포 밀도가 가장 낮음. 호중구(얇은 화살표)가 감소되나 여전히 가장 많은 세포로 관찰되고, 유핵상피세포(두꺼운 화살표)가 출현됨. (Giemsa stain, bar=20 μm)

그림 5-4 • 질도말 현미경사진

3. 임신의 확인

짝짓기가 끝나면 대개 암컷 쥐의 질 안에는 사정된 정액을 보관하기 위한 단단한 흰색의 질마개가 만들어지므로 암컷 쥐에 형성된 질마개를 검사하거나, 짝짓기 후 떨어져 나온 질마개로 임신을 확인할 수 있다. 간혹 질마개를 형성하지 못했거나 질마개가 없어졌을 때에는 질 내용물을 채취하여 현미경으로 검사해야 하며[앞의 발정기 내용 참조, 그러나 메틸렌블루 염색은 빼고 할 것], 현미경 검사 시 정자가 발견되면 짝짓기가 있었음을 알 수 있다.

만약 정해진 시간에 짝짓기를 하지 않아도 된다면 암컷과 수컷을 계속 한 우리에서 살게 하거나 저녁까지 함께 두고 질도말을 하거나 다음날 오전 일찍 질마개를 찾는다.

그러나 정해진 시간에 짝짓기를 해야 되는 경우, 교미는 주로 밤에 일어나므로 다음 방법을 통하여 암컷의 약 95%가 임신할 수 있다.

① 암컷과 수컷 쥐를 약 7~10일간 쇠격자로 분리된 우리(cage)에 넣어 02~12시까지는 암기로, 12~02시까지는 명기로 지내는 빛 주기에 순응시키며 발정을 유도한다.

② 매일 8~9시 사이에 질도말을 계속 시행한다. 이 검사를 하는 동안 쥐는 빛에 30초 이상 노출되지 않도록 한다.

③ 암컷 쥐가 발정기 도말을 보이면 암기 마지막 2시간인 10~12시에 수컷 쥐와 함께 있도록 한다.

④ 그 후 암컷 쥐를 꺼내 질마개가 있는지 검사한다. 질마개가 떨어져 있을 수도 있으므로 우리 바닥을 검사한다(바닥에 갈색 종이를 깔아 놓으면 쉽게 찾을 수 있다).

⑤ 만약 질마개를 발견하지 못했다면 교미가 성공하지 못한 것이므로 필요하면 암컷 쥐를 다음 발정기 때 교미시킨다. 교미가 성공하면 임신은 11±1시간에 된 것이다.

4. 튜브 영양을 위한 유동식 준비

작은 폴리에틸렌관으로 물과 혼합된 식이를(혹은 건조분말 식이로 먹일 수도 있음) 투여하며, 일례를 아래에 제시하였다(표 5-3).

표 5-3 • 튜브 영양 식이 조성표

조성물	g/kg(체중)	mg/kg(체중)
카제인(비타민 불포함)	200	
L-시스틴(L-cystine)	3	
설탕(sucrose)	250	
올리브유 또는 옥수수기름	50	
염 혼합물	30	
콜린 하이드로클로라이드(choline hydrochloride)	6	
티아민(thiamine)		10
리보플라빈(riboflavine)		16
니코틴산(nicotinic acid)		100
피리독신(pyridoxine)		10
판토텐산칼슘(calcium pantothenate)		20
이노시톨(inositol)		200
p-아미노벤조익산(*p*-aminobenzoic acid)		100
엽산(folic acid)		2
메나프톤(menaphthone)		10
비타민 B_{12}		0.1
비타민 E		200
비타민 A + D(Rovimix, 10 mg/kg)		
비타민 A(IU)		500
비타민 D(IU)		325

IU : international unit

Tip

- 다른 방법으로는 정상 쥐 사료를 분쇄하여, 40 g을 50 mL 물에 섞어 사용할 수 있는데 덩어리 없이 아주 부드러운 형태로 주어야 한다.
- 위 두 가지 방법으로 만들어진 열량은 약 1.9 kcal/mL이다.
- 랫트의 위의 용적을 넘지 않도록 하루에 3~4번씩 제공한다.

5. 호르몬 용량

표 5-4 • 호르몬 주사용량

호르몬	용량	비고
알도스테론(aldosterone)	0.5 mg/day s.c.	부신제거술 이후 혈중 Na^+ 정상화
디에틸스틸보에스트롤 (diethylstilboestrol)	1 mg/day s.c.	난소성장 자극
	1 μg/day s.c.	난소적출술 이후 자궁 각질화 유도
하이드로코티손 아세테이트 (hydrocortisone acetate)	0.1 mg/b.i.d. s.c.	부신제거술 이후 대체요법
	15 mg/day s.c.	부신제거술 이후 저혈당증 개선
인슐린(insulin)	6~12 unit/b.i.d. s.c.	췌장적출술 이후 유지요법
에스트라디올 벤조에이트 (estradiol benzoate)	15 μg/kg/day s.c.	난소적출술 이후 대체요법
옥시토신(oxytocin)	5 IU s.c.	수유 중인 쥐의 모유생산 촉진
프로제스테론(progesterone)	20 mg/day s.c.	난소적출술 이후 임신 유지
테스토스테론(testosterone)	50 mg/kg/day s.c.	거세 이후 대체요법

s.c. : subcutaneous

b.i.d. : bis in die(하루 2번)

6. 항생제, 항균제 그리고 구충제의 용량

표 5-5 • 항생제, 항균제, 구충제 투여 용량

종류	용량
항생제와 항균제	
앰피실린(ampicillin)	150 mg/kg s.c. b.i.d.
아목실린(amoxycillin)	150 mg/kg i.m. b.i.d.
벤질페니실린(benzylpenicillin)	20,000 unit/kg p.o. daily
세파렉신(cephalexin)	60 mg/kg p.o. 15mg/kg s.c. daily
클로람페니콜(chloramphenicol)	20~50 mg/kg p.o. b.i.d.
	10 mg/kg i.m. b.i.d.
코트리마진(co-trimazine)	0.5 mg/kg s.c. daily
겐타마이신(gentamicin)	4.4 mg/kg i.m. b.i.d.
그리세오풀빈(griseofulvin)	25 mg/kg p.o.
네오마이신(neomycin)	2 g/L 음용수
옥시테트라사이클린(oxytetracycline)	800 mg/L 음용수
설파디미딘(sulphadimidine)	200 mg/L 음용수
테트라사이클린(tetracycline)	15~20 mg/kg p.o. b.i.d.
타일로신(tylosin)	10 mg/kg i.m. daily

(계속)

종류	용량
체내구충제	
디메트리다졸(dimetridazole)	1 g/L 음용수
아이버멕틴(ivermectin)	200 ug/kg s.c.
니크로사마이드(niclosamide)	100 mg/kg p.o.
피페라진(piperazine)	2 g/L 음용수, 7일간
티아벤다졸(thiabendazole)	200 mg/kg p.o. 5일간
체외구충제 + 다른 약물	
브로모싸이클렌(bromocyclen)	0.2~0.26% wash

s.c. : subcutaneous

b.i.d. : bis in die(하루 2번)

i.m. : intramuscular

p.o. : per oral

7. 용액 조제법

Alsever 용액(g/L)

Sodium Chloride:NaCl	4.2
Trisodium citrate-dihydrate:$C_6H_5Na_3O_{.7} \cdot 2H_2O$	8.0
Glucose:$C_6H_{12}O_6$	20.5

: 사용 시에 10% citric acid로 pH 6.1 맞추고, 혈액 1 mL당 1.2 mL의 비율이 되도록 첨가하여 사용

Acid-citrate-dextrose 용액(g/L)

Trisodium citrate-dihydrate:$C_6H_5Na_3O_{.7} \cdot 2H_2O$	22
Citric acid:$C_6H_8O_7$	8
Glucose:$C_6H_{12}O_6$	24.5

: 혈액 1 mL당 0.15 mL의 비율이 되도록 첨가하여 사용

Hanks balanced salt 용액 pH 7.2(g/L)

Sodium chloride:NaCl	8
Potassium chloride:KCl	0.4
Magnesium sulphate·$7H_2O$:$MgSO_4 \cdot 7H_2O$	0.1

Disodium hydrogen phosphate:Na_2HPO_4	0.048
Calcium chloride·$2H_2O$:$CaCl_2 \cdot 2H_2O$	0.185
Sodium bicarbonate:$NaHCO_3$	0.35
Potassium dihydrogen phosphate:KH_2PO_4	0.06
Magnesium Chloride·$6H_2O$:$MgCl_2 \cdot 6H_2O$	0.1
Glucose:$C_6H_{12}O_6$	1
Phenol red(선택사항, 안 넣어도 됨)	0.01

Krebs buffer pH 7.4(mM)

Sodium chloride:NaCl	118
Potassium chloride:KCl	4.7
Potassium dihydrogen phosphate:KH_2PO_4	1.2
Magnesium sulfate:$MgSO_4$	1.2
Sodium bicarbonate:$NaHCO_3$	4.2
Calcium chloride:$CaCl_2$	2
Glucose	10
Sulphinpyrazone	200
Hepes	10

Phosphate buffered saline pH 7.4 (Delbecco)(g/L)

Sodium chloride:NaCl	8
Potassium chloride:KCl	0.2
Disodium hydrogen phosphate·anhydrous:Na_2HPO_4	1.15
Potassium dihydrogen phosphate·anhydrous:KH_2PO_4	0.2
Calcium chloride:$CaCl_2$	0.0005
Magnesium Chloride:$MgCl_2$	0.0005

: 만약 Ca^{2+}- 와 Mg^{2+}- 없는 용액이 필요하다면, calcium chloride와 magnesium chloride는 넣지 말 것

Ringer 용액(g/L)

Sodium chloride:NaCl	9
Potassium chloride:KCl	0.42
Calcium chloride:$CaCl_2$	0.25

Tris-ammonium chloride pH 7.2(g/L)

Tris-(hydroxymethyl)-methylamine	20.6
Ammonium chloride:NH_4Cl	8.3

: pH 7.2는 0.1N HCl로 맞춤

혈액 1 mL에 Tris-ammonium chloride를 10 mL을 넣고 10분간 실온에 방치하여 적혈구를 용해시킨다. 원심분리 후 침전물(pellet)을 3번 세척

Tip 용액을 녹일 때는 하나씩 녹여야 한다. 한꺼번에 녹이면 불용성염을 형성해 잘 안 녹을 수도 있다.

제6장

질환별 동물 모델

CHAPTER 6

질환별 동물 모델

1. 간기능 장애

1) 정의

담즙분비, 합성, 배설, 대사 등의 간기능이 손상된 경우와 염증이나 알코올, 약물 등 외부 원인에 의한 간 손상을 말한다. 간염, 만성 간 질환, 지방간 등의 증상이 여기에 속한다.

2) 간기능 관련 동물 모델

간기능 관련 동물 모델은 급성 간 장애, 만성 간 장애, 지방간 모델 등이 있다.

(1) 급성 간 장애 모델

CCl_4 간 장애

SD 랫트에 미네랄 오일(또는 콩기름, 올리브유)에 혼합한 CCl_4(4 g/kg BW[1])를 경구 투여한다. 양성 대조물질은 우루소데옥시콜린산(ursodeoxycholic acid, UDCA)

1) 체중(body weight)

및 실리마린(silymarin)을 많이 사용하며 25 mg/kg로 경구 투여한다. 일반적으로 시료는 CCl_4 투여 2시간 전과 2시간 후에 투여한다. 혹시 잘 녹지 않는 시료는 carboxyl methyl cellulose(CMC)-Na 용액에 현탁하여 투여할 수 있다.

Tip 유발물질의 양과 투여량에 따라 결과편차가 크므로 반복실험이 꼭 필요하다.

Tip CCl_4 급성 모델이 비교적 안정적인 모델이다.

D-갈락토사민(D-galactosamine) 간염

SD 랫트에 D-galactosamine·HCl(in saline 용액)을 650 mg/kg BW의 양으로 복강 투여한다. 양성 대조물질은 dimethyl dimethoxy biphenyl dicarboxylate(DDBD) 및 silymarin을 사용하며 각각 37.5 mg/kg 및 25 mg/kg로 투여한다.

(2) CCl_4 만성 간 장애 모델

SD 랫트에 CCl_4 : 올리브유 40% 용액을 0.5 mL/kg BW로 6일간 복강투여하고, 7일째부터 시료를 1% CMC 용액에 현탁시켜 CCl_4 혼합용액 투여 4시간 전 및 투여 4시간 후에 CCl_4와 함께 8일간 병용 투여한다.

(3) 지방간 모델

에티오닌(ethionine) 지방간 모델

SD 랫트에 D·L-ethionine(in saline 용액)을 200 mg/kg BW 양으로 피하주사한다.

에탄올(ethanol) 지방간 모델

전 세계적으로 널리 알려진 방법은 Lieber-DeCarli 액체식이를 급여하는 것이다. 알코올이 총열량의 37%에 해당되는 식이이다(표 6-1).

표 6-1 • 식이 조성표

조성물	대조군	알코올군
카제인(casein)	42	42
DL-메티오닌(DL-methionine)	0.6	0.6
염 혼합물(salt mixture)	7.0	7.0
비타민 혼합물(vitamin mixture)	2.0	2.0
주석산수소콜린(choline bitartarate)	0.4	0.4
셀룰로스(cellulose)	1.0	1.0
잔탄검(xanthan gum)	3.0	3.0
옥수수기름(corn oil)	15	15
사카린나트륨(sodium saccharin)	0.254	0.254
설탕(sucrose)	20	20
말토덱스트린(maltodextrin)	120	40
에탄올(ethanol)	0	45.5

3) 간기능 관련 지표

간 질환은 만성 간염에서 간경변에 이르기까지 종류와 심한 정도 및 증상이 다양하다. 또한 간은 어느 정도 손상되더라도 그 여력이 충분하므로 간기능 검사의 이상이 간 손상 정도와 비례하지 않는 경우도 있다. 따라서 여러 항목의 변화를 동시에 측정하여 간기능을 종합적으로 평가해야 한다. 일반적으로 간기능 장애와 관련하여 가장 흔히 하는 검사는 혈액내 생화학적 검사이다. 그 외에도 간의 화학적 구성분의 변화, 간의 조직학적 분석 등이 있다.

(1) 혈액학적 지표

AST(aspartate aminotransferase, GOT), ALT(alanine aminotransferase, GPT), LDH(lactate dehydrogenase), ALP(alkaline phosphatase), 5'-NT(5'-nucleotidase), r-GT(r-glutamyl transpeptidase) 등이 있다.

(2) 간조직 지표

간의 지질함량, 과산화지질 및 항산화 관련 효소[superoxide dismutase(SOD),

glutathione-S-transferase, peroxidase 등], glucose-6-phosphatase 활성 등이 있다. 간시료 0.5~1 g 정도를 2~4배의 완충용액과 함께 균질화한 후 원심분리하여 상층액을 사용한다. 효소활성은 mg 단백질이 분당 생성하는 생성물의 양으로 환산한다.

과산화지질 측정

① 세포균질액 500 μL에 20 M $FeSO_4$와 2 mM의 시스테인(cysteine)을 넣어 37℃에서 30분간 배양한 후 3,200 × g에서 15분간 원심분리한다.

② 상층액과 0.6% 티오바비투르산(thiobarbituric acid)을 1:1로 혼합하여 100℃에서 15분간 배양한 후 532 nm에서 흡광도를 측정한다.

Superoxide dismutase(SOD) 활성 측정

① NBT, XTT, WST 등을 이용한 여러 가지 키트가 시판된다.

Glutathione-S-transferase(GST) 활성 측정

① 시험관에 50 μL glutathione(30 mM), 50 μL 1-chloro-2,4-dinitrobenzene(30 mM) 및 500 μL potassuim phosphate buffer를 넣고 600 μL 세포균질액을 합하여 잘 혼합한 후 즉시 340 nm에서 흡광도의 변화를 측정한다.

Cytochrome P-450 함량 측정

① 세포균질액을 둘로 나눠 각각을 시험관에 옮겨 각 시험관에 2~3 mg의 나트륨 디티온산염(sodium dithionite, $Na_2S_2O_4$)을 첨가하여 잘 섞이도록 한 후 검액에만 일산화탄소 가스(carbon monoxide gas)를 30초간 주입하고 대조군을 대조로 하여 450 nm와 490 nm에서 검액의 흡광도를 측정한다.

② 두 파장에서의 흡광도 차이를 cytochrome P-450 함량으로 환산한다.

총 glutathione(GSH 및 GSSG)의 함량 측정

① 시험관에 0.3 mM NADPH 700 μL와 6 mM DTNB(Ellman's reagent) 100 μL를 넣고 세포균질액 200 μL를 가한 후 30℃로 유지되는 항온수조에 방치한다.

② 여기에 50 units GSH reductase/mL 용액을 10 μL 넣어 반응을 개시한 후 412 nm에서 2분간 15초의 간격으로 흡광도의 증가를 측정한다.

2. 고혈압(만성 신부전 포함)

1) 정의

고혈압은 혈압이 비정상적으로 높은 상태를 말한다. 정상 상태에서는 심장이 박동하면 혈액이 혈관벽을 따라 혈관벽에 대해 규칙적인 압력을 가하는데, 혈관은 수축하거나 이완하는 유연성이 있어서 압력을 일정하게 유지한다. 혈압은 보통 120/80 mmHg으로, 혈관에 유연성이 없어지거나 혈관 주위의 근육이 혈관을 수축하게 되면 혈압이 올라간다. 고혈압이 지속되면 간 · 신장 · 뇌와 같은 기관의 소동맥(모세혈관으로 이어지는 동맥의 마지막 가지)에 손상이 생길 수 있고, 심장이 지나치게 많은 일을 해서 약해질 수도 있다. 고혈압으로 인해 발생하는 질환은 울혈성 심부전이나 신부전, 뇌출혈 등이다.

2) 분류

(1) 본태성 고혈압

원인을 알 수 없는 고혈압을 말한다.

(2) 2차성 고혈압

특정한 질병이나 질환의 결과로 발생한 고혈압을 말한다.

① **신혈관성 고혈압** : 신장에 혈액을 공급하는 대동맥 분지인 신동맥의 고혈압, 신장의 질병, 세동맥경화증(arteriolosclerosis) 등에 의해 동맥이 좁아지거나 막히는 데 원인이 있다.

② **부신피질성 고혈압(쿠싱증후군, 알도스테론증)** : 부신피질이 비정상적으로 과도한 호르몬을 분비하기 때문에 일어난다.

③ **부신수질성 고혈압(갈색세포종)** : 부신수질에 종양이 생기는 갈색세포종으로 인한 호르몬 과다 또는 뇌하수체종양 때문에 과다하게 분비되는 호르몬이 원인이 되어 일어난다.

④ **대동맥 협착**

⑤ **임신**

3) 고혈압 동물 모델

SHR(spontaneous hypertensive rat)

일본의 오카모토(Okamoto)에 의해 Wistar-Kyoto 랫트에서 매 세대에 고혈압을 지표로 선발하여 확립된 계통이다. 선천적으로 생후 8~12주가 지나면 고혈압이 나타나고 사람의 본태성 고혈압의 질환 모델로 쓰인다. 혈압은 10주령에 평균 171 mmHg으로, 최고 200 mmHg까지도 도달하며 콜레스테롤 대사 이상, 인슐린 저항성도 나타난다.

Tip 동물 모델로는 SHR을 가장 많이 사용한다.

SHRAP(arteriolipidosis-prone SHR)

일본에서 SHR에서 고지혈증을 지표로 선발 육성하여 1977년에 확립된 계통이다. 죽상동맥경화증의 모델로서 혈청 콜레스테롤 수치는 정상혈압으로 유지되는 Wistar-Kyoto 랫트에 비해 현저히 낮지만 콜레스테롤식을 급여했을 때 현저히 상승한다. 콜레스테롤 흡수는 Wistar-Kyoto 랫트의 약 2배가량이 된다.

2-kidney, 1 clip(2K1C) 신혈관성 고혈압의 유발

체중 150~200 g의 랫트(Sprague-Dawley, ♂)를 마취하여 개복한 후 좌측 신동맥에 직경 0.2 mm의 실버클립(silver clip)을 장치하고 신속히 봉합한다. 마취에서 깨어난 후 사료와 물을 충분히 공급하면서 1주 간격으로 꼬리혈압을 간접법으로 측정하여 고혈압 유발 과정을 확인하며 10주 후에 사용한다.

3. 골다공증

1) 정의

골다공증(osteoporosis)은 골밀도가 감소되어 일상적인 충격으로도 쉽게 뼈가 골절되는 상태를 말하며, 골연화증(osteomalacia)은 비타민 D와 칼슘의 결핍으로 인해 뼈의 무기질화가 잘 안 되어 나타나는 증상을 말한다. 골다공증은 폐경기 이후의 질환으로 여겨졌으나 최근에는 연령층에 관계없이 발생하며, 크게 일차성 골다공증(primary osteoporosis)과 이차성 골다공증(secondary osteoporosis)으로 분류한다.

일차성 골다공증

퇴화성 골다공증(involutional osteoporosis)과 특발성 골다공증(idiopathic osteoporosis)을 포함하는데 퇴화성 골다공증은 갱년기 이후 폐경에 따른 에스트로겐 분비 감소에 의한 폐경기 이후 골다공증(postmenopausal osteoporosis)과 노인성 골다공증(senile osteoporosis)을 포함한다.

이차성 골다공증

내분비 질환, 위장관 질환, 알코올, 흡연, 약물복용 등에 따른 이차적으로 발생하는 골다공증이다.

2) 골다공증 동물 모델

(1) 난소절제수술(ovariectomy)

두 개의 난소는 복강내 양쪽에 작고 둥근 모양으로 존재하는데 콩팥 아래쪽에 위치하고 있다. 각각의 난소는 자궁 관에서 연결된 나팔관 끝 부분에 지방조직으로 싸여 있다. 대조군은 난소를 꺼냈다가 다시 복강 안으로 넣고 봉합하는 모의수술(sham-operation)을 한다(그림 6-1).

① 동물을 마취하여 수술대에 동물의 배 부분을 아래로 향하고 꼬리 부분이 실험자 방향으로 오도록 엎드린 자세를 취하게 한다.
② 목과 엉덩이 부위의 하단 1/4 지점의 중앙 피부를 절개한다(그림 6-1-①).
③ 피부 아래로 포셉을 밀어 넣어 겉 표피와 근육을 분리한다(그림 6-1-②).
④ 척추에서 좌우로 약 1 cm 떨어진 부분(살짝 눌러보면 부드럽고 얇은 근육층으로 되어 있음)의 근육을 절개한다. 이때 1 mm 정도만 절개한 후 포셉을 넣어 위아래로 부드럽게 벌려 공간을 확보한다(그림 6-1-③④).

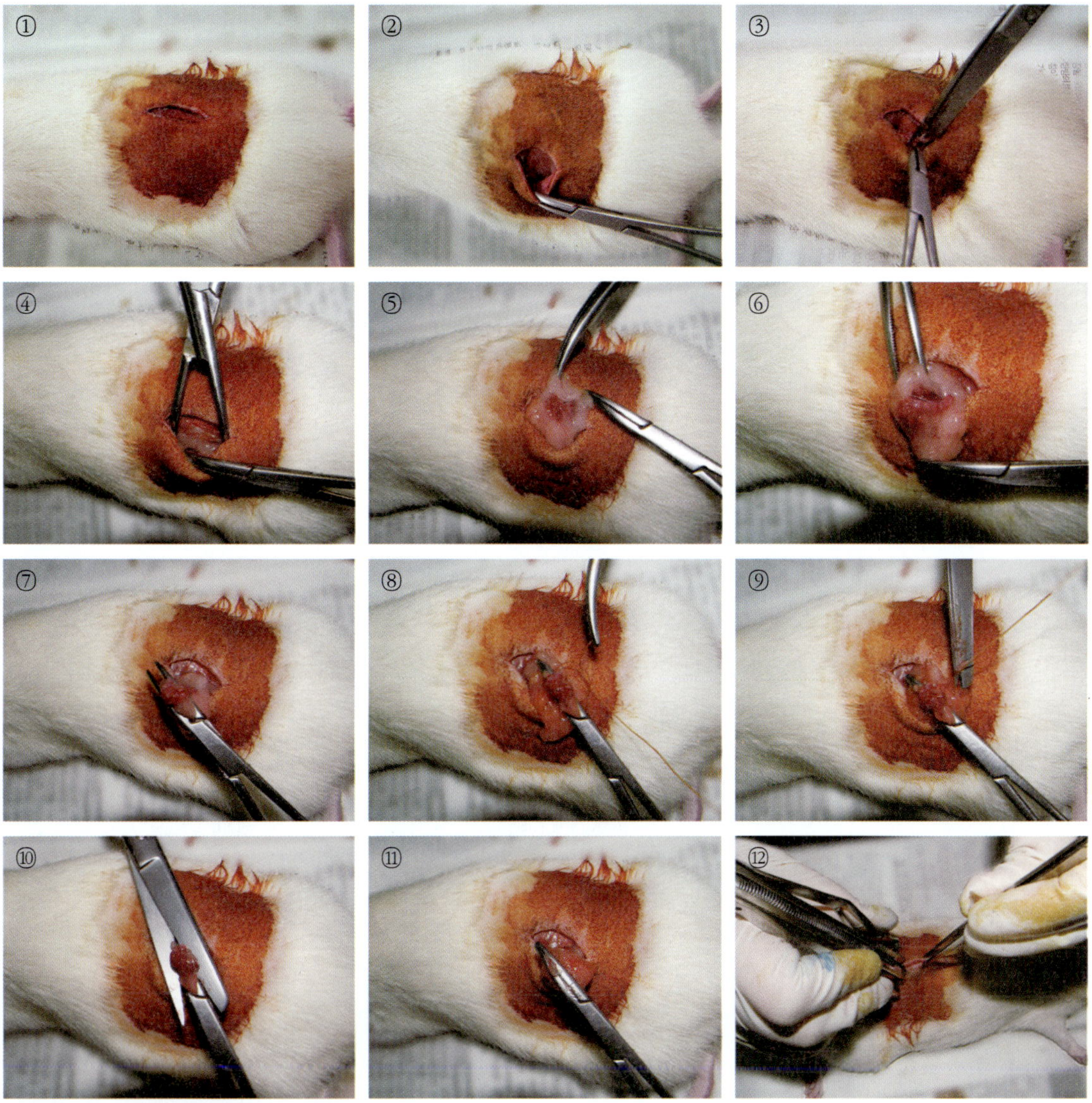

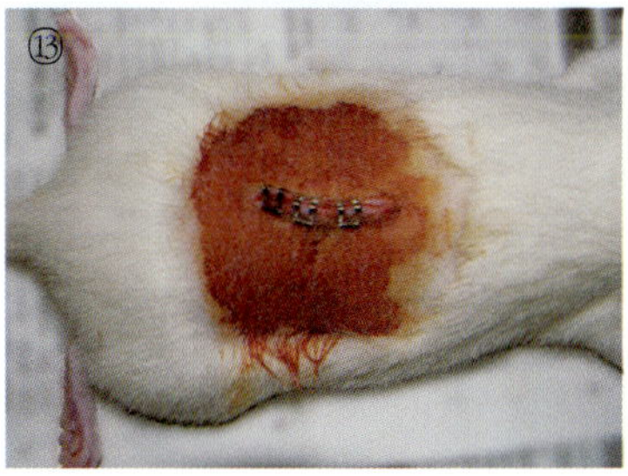

그림 6-1 • 난소적출시술법

수술 후 빠른 회복을 위해서는 수술실로 봉합하는 것보다 봉합용 스테이플(그림 4-4)을 사용하는 게 좋다. 또 수술 후에는 체온유지가 중요하므로 백열등을 이용하여 체온이 떨어지지 않도록 한다.

⑤ 절제된 근육 속으로 상당량의 지방으로 둘러싸여 있는 난소를 밖으로 노출시킨다. 지방의 양이 많지만 쉽게 제거할 수 있다(그림 6-1-⑤).

⑥ 지방을 제거한 후 자궁관과 연결된 나팔관의 끝부분을 뾰족한 포셉(모스키토)으로 난소 전체를 확인 후 그 아래 부위를 잡고, 포셉 바로 하단을 수술용 실로 묶은 후 절단하여 혈관파열에 의한 혈액유출을 막는다(그림 6-1-⑥⑦⑧⑨⑩⑪).

> *Tip* 혈액은 비연속적으로 적은 양이 유출되므로 빠른 시간 내에 응고된다. 이때 난소조직이 남지 않도록 주의한다.

⑦ 절제된 부분을 소독하고 밖으로 노출된 조직을 안으로 밀어 넣어 본래 위치에 있도록 한다.

⑧ 수술용 봉합사로 피부를 봉합한 후 소독한다(근육은 꼭 봉합하지 않아도 된다.)(그림 6-1-⑫).

⑨ 수술 후 마취에서 깨어날 동안 보온담요 혹은 백열등을 켜서 따뜻하게 해준다.

난소절제수술 동물의 개체 수가 많을 경우에는 빠른 시간 내에 봉합수술이 이루어져야 하므로 수술용 봉합 클립을 이용하면 감염률을 낮추고 회복률을 높일 수 있다.

> *Tip* 폐경기 이후 골다공증 모델은 난소적출 모델과 저칼슘식이로 만든다.

(2) 저칼슘식이(low Ca diet)

실험식이로 저칼슘식이를 제공하는데, 에자와(Ezawa)가 개발한 식이로서 식이 중의 Ca 함량은 0.06%이고, 인은 최소필요량 수준(0.43%)으로 유지한다.

(3) 난소절제술과 저칼슘식이

난소절제술과 저칼슘식이를 병행하여 폐경기 이후 골다공증 모델을 만들 수 있다.

3) 골다공증 관련 지표

(1) 골밀도 측정

실험시작 전과 종료 후에 중에너지 방사선 골밀도 측정기(DEXA)를 이용하여 골밀도를 측정한다. 경골 표본조직은 고모리염색(Gomori stain) 방법에 의하여 골 형성 정도를 비교한다.

(2) 혈액학적 지표

혈청 중 osteocalcin, estradiol, 1,25-vitamin D, alkaline phosphatase(ALP), calcium, phosphorus 등을 시판되는 kit를 이용하여 측정한다.

4. 류마티스 관절염

1) 정의

류마티스 관절염(rumathoid arthrithis)은 자가면역 질환으로 관절 활막에 만성 염증으로 발생하여 국소적인 골 파괴 현상을 일으키는 전신성 만성 염증성 자가면역 질환이다.

2) 류마티스 관절염 동물 모델

급성 염증성 모델(acute inflammation model)과 만성 염증성 모델(chronic inflammation model)로 나눌 수 있다.

(1) 급성 염증성 모델

급성 염증성 모델 중 보편적으로 사용하는 방법은 캐라지난(carrageenan)으로 유도하는 방법이다. Carrageenan 급성 염증 유도는 1% γ-carrageenan을 생리식염수에 녹여 준비한다. 실험동물의 오른쪽 발뒤꿈치에서부터 0.3 mm 위치에 유성펜으로 선을 긋는다. 이 선은 실험을 하는 동안 부종측정을 위한 표준선으로 사용한다. 염증 유도는 1 mL 주사기를 이용하여 오른쪽 발바닥 중앙에서 발뒤꿈치 쪽으로 1% carrageenan을 20~50 μL 피하주사한다.

(2) 콜라겐을 이용한 만성 염증성 관절염(collagen induced arthritis, CIA)

6~10주령의 DBA/1J 마우스를 대상으로, 100 μg의 우형 제2형 콜라겐(native bovine type II collagen : BnCII)을 complete Freund's adjuvant(CFA, 1 : 1, w/v)에 혼합하여 꼬리에 피내주사한다. 1차 접종 3주 후 같은 양을 추가로 피내주사한다.

> *Tip* 약물을 주입할 때는 천천히 주입하여 약물이 새어 나오지 않도록 조심해야 한다.

3) 관절염 관련 지표

(1) 부종억제율 측정

염증에 대한 지표는 염증유도 전과 유도 후 1시간 간격으로 5시간까지 부종측정기(plethysmometer)를 이용하여 측정하며, 부종률은(염증유도 후의 부종－염증유도 전의 부종)/(염증유도 전의 부종)×100으로 계산하여 각 군마다 비교한다.

(2) 연골조직염색

만성 관절염 모델에서 대퇴의 내측과 외측의 관절연골 조직을 염색하여 연골세포가 차지하는 비율과 연골세포의 성상을 관찰한다(hematoxylin and eosin(H&E) 염색, Safranin-O/fast green 염색 등).

(3) 혈액학적 검사

혈액내의 염증지수를 확인하기 위하여 총단백질, rheumatoid factor 정량, 고감도 C-반응단백(high-sensitivity C-reactive protein, hs-CRP) 등을 검사한다.

5. 당뇨병

1) 정의

당뇨병은 크게 제1형 당뇨병(인슐린 의존형, IDDM : insulin dependent diabetes mellitus)과 제2형 당뇨병(인슐린 비의존형, NIDDM : non-insulin dependent diabetes mellitus)으로 나뉜다. 제1형 당뇨병은 췌장의 β-세포의 손상으로 인하여 인슐린 분비 이상이 초래된 경우이고, 제2형 당뇨병은 β-세포에서 인슐린 분비는 이루어지나 말초조직에서의 인슐린 저항이 높아 당대사 이상이 나타나는 것으로 고인슐린혈증(hyperinsulinemia)이 나타나기도 한다(그림 6-3).

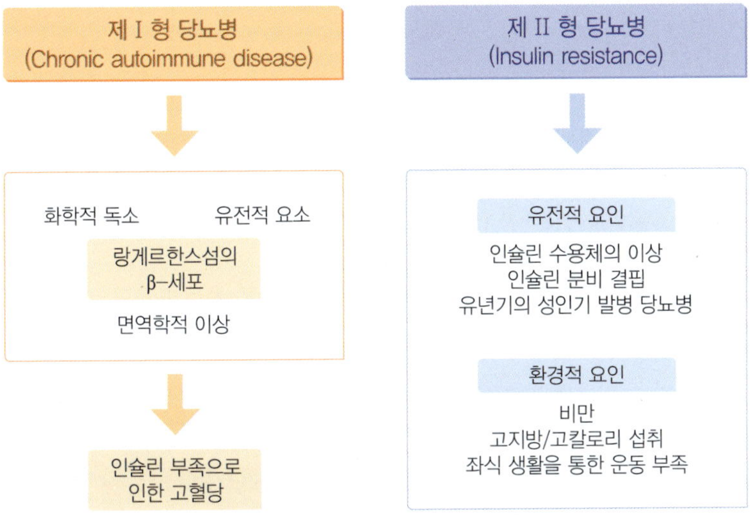

그림 6-3 • I형, II형 당뇨의 원인

2) 혈당의 범위

① **당뇨병** : 공복혈당이 7.01 mM/L(126 mg/dL) 이상, 식후 2시간 혈당이 11.1 mM/L(200 mg/dL) 이상인 경우

② **정상혈당** : 공복혈당이 6.1 mM/L(110 mg/dL) 이하, 식후 2시간 혈당이 7.8 mM/L(140 mg/dL) 이하인 경우

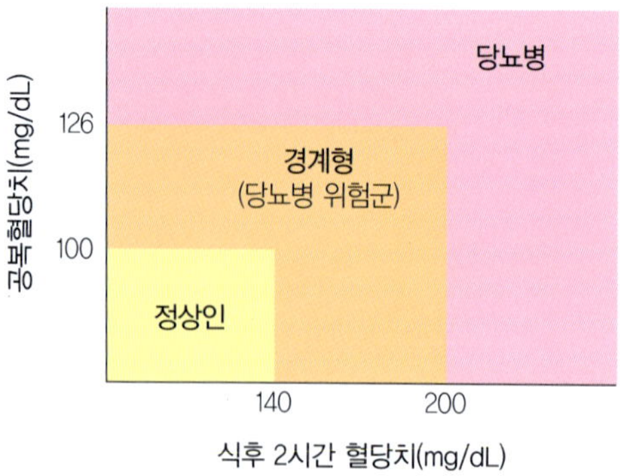

구분	공복혈당	식후 2시간 혈당
당뇨병	126 mg/dL 이상	200 mg/dL 이상
내당능 장애	100 mg/dL 이상	140~199 mg/dL
공복혈당 장애	100~125 mg/dL	140 mg/dL 미만

※ International Diabetes Center 기준

그림 6-4 • 당뇨병과 혈당치

③ **공복혈당 조절 장애(impaired fasting plasma)** : 당뇨로 분류되지는 않지만 공복혈당이 6.1~6.9 mM/L(110~125 mg/dL)의 혈당인 경우

3) 동물 모델

(1) 요당(glucosuria) 모델

플로리진(phlorizin)은 자연에 존재하는 플라보노이드(flavonoid)로, 피하주사로 투여하면 신장의 나트륨 의존 포도당 운반체 1(sodium glucose cotransporter 1, SGLT1)에 결합하여 포도당의 재흡수를 방지하여 glucosuria를 유발한다. 이 모델은 고혈당과 당뇨합병증과의 관련성을 관찰할 수 있다.

Tip 모델이 유발되면 소변이 많아지므로 깔짚을 자주 갈아 주거나, 소변배출이 용이한 특수 케이지를 사용하면 좋다.

(2) 제1형 당뇨 모델

가장 많이 사용되는 방법은 STZ(streptozotocin)이나 알록산(alloxan; 이외에도 vacor, dithizone, 8-hydroxyquinone) 등의 췌장 β-세포 독성물질을 주사하여 당뇨를 유도하는 것이다. STZ은 glucose 운반과 glucokinase의 기능 장애 및 DNA 손상을 일으키는 약물로써, 단회 고용량 투여(60~70 mg/kg)나 소량 다회 투여(30~40 mg/

kg으로 5일 연속)로 당뇨를 유발한다. 고용량의 STZ을 정맥내에 투여하면 심한 고혈당과 함께 β-세포의 파괴가 일어난다.

Tip 당뇨 유발 정도의 편차가 크므로 개체수를 넉넉히 준비하여 유발 정도가 비슷한 동물을 선별해서 사용하면 좋다.

Tip STZ를 0.1M 구연산완충액(citrate buffer)에 녹이는데 pH 4.5 정도에 맞추고, 항상 신선하게 만들어 사용하도록 한다.

(3) 제2형 당뇨 모델

제2형 당뇨 모델은 유전적 원인에 의해 당뇨병의 특징이 나타나는 동물 모델로 사람의 제2형 당뇨와 마찬가지로 복합적이다. 따라서 어떤 모델은 인슐린 저항성이 우세하지만, 어떤 모델은 β-세포 손상이 우세하다(표 6-2).

Tip 유전적 요인에 의해 인슐린 수용체가 제 기능을 하지 못하는 모델로 실험동물 수입업체에서 구입하는데 가격이 비싼 편이다.

표 6-2 • 제2형 당뇨 모델

동물 종류	특 징
ob/ob 마우스	렙틴(leptin) 결핍
db/db 마우스	leptin 저항성
Zucker(fa/fa 랫트)	leptin 저항성
KK 마우스	성장 후 인슐린 저항성 및 췌장 비대
OLETF 랫트 (Otsuka Long-Evans Tokushima Fatty)	췌장 비대 및 섬유화
New Zealand obese 마우스	
Goto Kakizaki	췌장 변형

자료 : Rees and Alcolado, 2005

이들 동물 모델은 각기 다른 특징을 나타낸다. ob/ob 마우스와 fa/fa 랫트는 정상 범위의 혈당과 β-세포의 기능을 나타내지만 고인슐린혈증(hyperinsulinemia)을 나타낸다. 인슐린 저항성으로 인한 KK 마우스는 성장 후에 비만과 인슐린 저항성 및 섬세포(islet cell) 비후(hyperplasia)를 나타내며 약간의 고혈당(hyperglycemia)을 동반한다. 이 모델은 식이 섭취량이 당뇨 증세에 영향을 미쳐서 식이제한을 하면 비만과 고혈당이 호전된다. OLETF 랫트는 Long-Evans 랫트에서 유래된 종으로 약간의 비만을 나타내고 수컷이 암컷보다 성장 후 당뇨 유발률이 높다.

4) 당뇨 관련 지표

(1) 혈당 관련 지표

공복혈당

8~16시간 금식 후 혈장의 포도당 농도를 mM 또는 mg/dL로 표시한다.

내당능

포도당의 투여경로에 따라 경구 당부하검사(oral glucose tolerance test, OGTT), 정맥주사 당부하검사(intravenous glucose tolerance test, IVGTT) 및 복강주사 당부하검사(intraperitoneal glucose tolerance test, IPGTT)로 분류된다. 가장 간편하게 사용되는 방법은 IPGTT로 5% 포도당 용액을 1~2 g/kg으로 복강에 주사한 후 30, 60, 90, 120 및 180분 후의 혈당 농도를 꼬리정맥에서 측정한다.

당화혈색소

적혈구에 있는 헤모글로빈의 일부인 당화혈색소(HbA_{1C})는 혈구의 생존기간 동안 서서히 포도당과 결합하여 당화된다. 따라서 HbA_{1C}의 당화 정도는 적혈구 수명기간(약 120일) 동안의 혈장 포도당 농도를 반영한다. 당화혈색소 수치는 지난 수주일~수개월 동안 혈당 농도를 추정할 수 있다.

(2) 인슐린 관련 지표

혈장 인슐린과 C-펩타이드(C-peptide) 농도

C-peptide는 인슐린의 분비 정도를 반영하는 지표로, 프로인슐린(proinsulin)의 분해과정에서 인슐린과 같은 비율로 생기지만 인슐린처럼 간이나 다른 조직에서 이

용되지 않고, 반감기도 인슐린보다 길어서 측정하기 편리하다. 인슐린과 C-peptide의 측정은 ELISA법이 주로 이용되며, 방사면역측정법(radioimmunoassay, RIA)도 키트(kit)로 판매되고 있다.

췌장 β-세포의 인슐린 분비능

인슐린을 합성하는 β-세포의 인슐린 합성능력을 mRNA나 단백질 수준에서 측정하거나, β-세포 증식능을 염색법 등으로 측정한다.

(3) 당 흡수 관련 지표

다당류를 단당류로 분해하는 효소(α-glucosidase, amylase) 활성도 및 소장에서의 포도당 흡수율을 측정한다.

6. 비만

1) 동물 모델

고지방식이(40% 이상 fat)로 유도한 비만동물 모델(diet induced obesity model)과 유전적으로 비만인 동물 모델(genetically obesity model)을 사용한다.

(1) 고지방식이 유도 비만동물 모델

주로 사용되는 실험동물종

마우스의 경우는 ICR종이 일반적이나, 비만 유도 시에는 주로 C57BL/6J종을 사용한다. 이 동물은 상당량의 지방을 가지고 있으면서 고지방식이에 의한 비만 유도에 민감한 것으로 알려져 있다. 일반적으로 4주령의 C57BL/6J을 구입하여, 고지방식이를 제공하여 비만을 유도한다. 이외에도 AKR/J 마우스도 사용한다.

Tip 실험동물은 품종이 중요한데, C57BL/6J가 ICR 마우스보다 비만 유발이 잘되므로 선택을 잘해야 된다.

고지방식이 조성

고지방식이는 총에너지의 40~60%를 지방으로 조성하여 사용하며, 쇠기름, 쇼트닝, 돼지기름을 많이 사용한다. 일반적으로 35.5, 40, 60%의 지방을 포함하는 사료를 시판하고 있으며, 연구자에 목적에 따른 맞춤형의 지방식이 주문도 가능하다.

표 6-3 • 35.5, 40, 60% 쇼트닝 + AIN-93G 사료

조성물	실험식이 조성(g/kg)			
	AIN-96G	High fat diet (35.5%fat)	High fat diet (40%fat)	High fat diet (60%fat)
카제인(casein)	200	200	200	242
쇼트닝(shortening)	–	285	330	540
콩기름(soybean oil)	70	70	70	60
설탕(sucrose)	100	100	100	5
덱스트로스(dextrose)	132	132	132	20
옥수수전분(corn starch)	397.5	95	48.7	–
셀룰로스(cellulose)	50	50	50	50
L-시스틴(L-cystine)	3	3	3	3
TBHQ*	0.014	0.014	0.014	0.014
주석산수소콜린(choline bitartrate)	2	2	2	2
무기질 혼합물(mineral mixture)	35	48	50	60
비타민 혼합물(vitamin mixture)	10	15	14.3	18
합계	1000	1000	1000	1000

*TBHQ : tert-Butylhydroquinone(항산화제)

Tip 실험 성격에 따라 지방의 종류는 다르지만 쇠기름 혹은 돼지기름을 사용한다.

(2) 유전적 비만 모델

비만 관련 특정 유전자의 변이(transgenic) 또는 결손(knockout)시킬 수 있는 유전적인 조작을 통해 비만을 유도한다.

① **ob/ob 마우스** : 렙틴(leptin)이 결핍되어 고도비만을 나타낸다.

② **db/db 마우스, Zucker(fa/fa) 랫트** : leptin 수용체에 결손이 생긴 것으로, leptin

저항성을 나타낸다.

③ **New Zealand obese 마우스** : 비만, 당불내증, 인슐린 저항성, 인슐린 수용체 약간의 자가면역 이상을 나타낸다.

④ **OLETF(Otsuka Long-Evans Tokushima Fatty) 랫트** : 경미한 비만 증상을 동반하는 당뇨가 18주 이후부터 나타난다.

⑤ **KK 마우스** : 어른 쥐에서 비만증이 나타나고, 인슐린 저항성에 의한 것으로 알려져 있다.

2) 비만 관련 지표

(1) 체중, 식이 섭취량 및 칼로리 섭취량

① **체중** : 1주일에 1~2회 일정한 시간에 측정한다.

② **식이 섭취량** : 한 마리씩 분리하여 사육하는 것이 좋고, 1주일에 2~3회 측정한다.

③ **칼로리 측정**(kcal/day) : 실험기간 동안 섭취한 총섭취량을 칼로리로 환산하여 실험일수로 나누면 하루에 섭취한 칼로리로 나타낼 수 있다.

(2) 식이효율 및 에너지효율

식이효율(food efficiency ratio, FER)

실험기간 동안의 체중 증가량을 사료 섭취량으로 나누는 방법으로, 식이 섭취량의 체중 반영도를 나타낸다.

$$\text{식이효율(FER, \%)} = \frac{\text{총실험기간의 체중 증가량(g)}}{\text{총실험기간의 식이 섭취량(g)}} \times 100$$

에너지효율(energy efficiency ratio, EER)

실험기간 동안의 체중 증가량을 에너지 섭취량으로 나누어 계산한다.

$$\text{에너지효율(EER, \%)} = \frac{\text{총실험기간의 체중 증가량(g)}}{\text{총실험기간의 에너지 섭취량(kcal)}} \times 100$$

(3) 체지방량 측정

복부지방 분포 측정

마취 후 실험동물용 자기공명 영상장치(magnetic resonance imaging system)나, 단층촬영법(CT)을 이용하여 복부 체지방 분포 양상을 관찰할 수 있다. 이 방법은 가장 정확하게 복부 지방량을 측정할 수 있는 방법이나 경제적이지 못하다.

복부 및 내장지방 무게 측정

복부지방(epididymal fat)은 생식기 주위의 지방을, 내장지방(visceral fat)은 소화기관 주위의 지방을 채취하여 무게를 측정한다.

(4) 조직 측정

지방조직

지방세포 수, 지방세포 크기 측정

① 지방조직(adipose tissue)을 행크스액(Hank's solution)으로 세척한 후, 수술가위를 이용하여 작은 조각(약 10 mg)으로 자른다.

② Collagenase type I(5 mg)과 bovine serum albumin(40 mg/mL)을 함유한 Krebs-Ringer bicarbonate (KRB) buffer(3 mL)에 위에서 준비한 지방조직을 넣고 37℃ incubator에서 60분간 효소 반응시켜 분해한다.

③ 분해된 지방세포를 KRB buffer에 2~3회 세척한다.

④ Culture counter를 이용하여 지방세포 크기 및 수를 측정한다(10 mg에서 약 5 × 10^3개 세포가 분리된다).

간조직

간조직 중 지질 침착도 측정은 일반적으로 Oil-Red O 염색법으로 한다. 이 방법은 간조직 절편을 유기용매에 용해시킨 염료에 처리하여 지질과 유기용매와의 지질 용해성 차이를 이용한 것이다.

① 동결 절편한 간조직을 슬라이드글라스에 부착한 후, 공기 중에 10분간 방치한다.

② 100% 아이소프로판올(isopropanol)로 절편을 세척하여 Oil-Red O 염색용액에 10분간 방치한다.

③ 염색액에서 꺼내어 60% isopropanol에 넣은 후 물로 세척하고 헤마톡실린(hematoxylin) 용액으로 2~3분간 염색한 후 흐르는 물에서 10분간 세척한다.

④ 수용성 봉입제(glycerin jelly)로 봉입하여 현미경으로 관찰한다.

(5) 혈청 및 간조직의 지질 분포양상(lipid profile)

중성지질, 총콜레스테롤, HDL-콜레스테롤, LDL-콜레스테롤[=총콜레스테롤-HDL콜레스테롤-(중성지질/5)]을 비색법을 이용한 kit가 있다.

(6) 분자생물학적 기법

지방조직이나 간에서 RNA 및 단백질을 추출하여 비만관련 유전자들을 RT-PCR, Western Blotting, Northern Blotting 등을 이용하여 검증한다.

7. 빈혈

1) 정의

빈혈(anemia)은 헤모글로빈(hemoglobin) 또는 적혈구(erythrocyte)의 감소를 의미하며, 혈액의 산소운반 능력이 감소되어 저산소 증상이 나타난다. 헤모글로빈 농도가 12 g/dL보다 낮은 경우 빈혈로 분류한다.

(1) 철분 결핍성 빈혈

성장 속도가 빠른 유년기 아동 및 청소년기를 비롯해서 가임기 여성, 그리고 임산부 및 수유부 등에서 빈번히 관찰되고 있다. 특히 청소년기는 신체적, 정신적으로 급속하게 성장이 이루어지며, 성장 발달을 위해 적절한 영양섭취가 매우 중요한 시기이다. 이 시기의 영양문제는 신체적 발육을 저해할 뿐 아니라 육체활동 능력의 저하, 기억과 학습 장애, 면역기능 저하 등을 동반할 수 있다.

(2) 적혈구 생성 감소로 인한 빈혈

① **재생불량성 빈혈**(aplastic anemia, normocytic anemia) : 골수 중의 성숙 분화하는 혈액 간세포(stem cell)의 결손이나 감소에 의하여 적혈구 세포 크기와 헤모글로빈 농도는 정상이나 헤마토크릿이 낮은 경우를 말한다.

② **거대적아구성 빈혈**(macrocytic anemia, megaloblastic anemia) : 적혈구 성숙에 필요한 영양소인 비타민 B_{12}와 엽산의 결핍에 의하여 세포분열 지연으로 정상보다 크기가 상당히 큰 병적 세포가 생기게 된다.

③ **소적혈구성 빈혈**(microcytic anemia) : 헤모글로빈 생합성이 감소하여 발생하는 빈혈로서 철분결핍이 주원인이다.

(3) 적혈구 파괴 증가로 인한 빈혈

비타민 E 결핍 혹은 감염에 의한 용혈성 빈혈(hemolytic anemia)과 헤모글로빈 구조의 변형에 의한 겸상적혈구성 빈혈(sickle cell anemia)이 있다.

2) 위험인자

표 6-4 • 빈혈 위험인자

빈혈 종류	영양소	원인
거대적혈구성 빈혈 (Macrocytic anemia)	비타민 B_6, 엽산 비타민 B_1	DNA 합성 감소로 세포분열 지연 퓨린 합성 불량으로 인한 DNA 합성 감소
소적혈구성 빈혈 (Microcytic anemia)	철 비타민 C 비타민 A 비타민 E 피리독신 납 구리 카드뮴	헴철, 헤모글로빈 생성 감소 철 이용률 감소 철 축적 증가되고 헴 합성을 위해 쓰이지 않게 됨 헴 합성 감소 헴 합성 감소 헴 합성과 분비 감소 헴 합성을 위한 철 이용률 감소 철과 구리 이용 감소
용혈성 빈혈 (Hemolytic anemia)	비타민 E	적혈구 막 손상, 산화에 의한 손상

자료 : Zeman and Hansen, 1991

3) 빈혈 동물 모델

(1) 저철분식이(low iron diet)

철분의 섭취량을 낮추어 빈혈을 유도한다(3~5 mg Fe/kg diet, 4~8주).

(2) 사이클로포스파미드(cyclophosphamide)로 유도된 빈혈

항암치료제로 사용하는 cyclophosphamide(30 mg/kg/day)를 일주일간 3회 복강 투여하여 빈혈을 유도한다.

4) 빈혈 관련 지표

(1) 전혈지표

RBC(red blood cell, 적혈구), Hb(hemoglobin, 혈액의 산소운반 능력), Hct (hematocrit, 총 혈액에서 적혈구가 차지하는 %), MCV(mean corpuscular volume, 평균 혈구 용적), MCHC(mean corpuscular hemoglobin concentration, 평균 혈구내 혈색소 농도), RDW(red blood cell distribution width, 적혈구 크기 분포), 적혈구 프로토포피린(erythrocyte protoporphyrin)

(2) 혈청지표

철(iron), TIBC(total iron binding capacity, 총 철결합 능력), 트랜스페린(transferrin), 페리틴(ferritin, 철분의 저장성 평가), 비타민 B_{12} 등

(3) 조혈효소(aminolevulinate dehydratase, ALAD) 활성측정

전혈 또는 적혈구에서 측정한다.

(4) 에리트로포이에틴(erythropoietin) mRNA 발현측정

여러 조직에서 측정한다.

8. 알레르기 천식

1) 정의

알레르기는 인체에 직접적으로 해를 주지 않는 여러 형태의 항원이 면역계에 과민하게 반응하여 발생하는 질병이다. 과민반응은 일반적으로 네 가지 유형으로 분류되는데 IgE와 비만세포(mast cell)가 관여하는 Type I, Type II, Type III의 즉시형(immediate, 급성) 반응과, T세포에 의한 상해반응으로 T helper 세포에 의해 활성화된 대식세포(macrophage)가 중심이 되는 만성형의 Type IV로 분류한다.

2) 동물 모델

알레르기 동물 모델에서는 사료의 선택이 매우 중요하다. 일반적으로 알레르기 천식 동물 모델은 6~8주령의 Balb/C계 암컷 마우스를 이용하며, 오브알브민(ovalbumin)이나 달걀성분이 함유되지 않은 사료를 급여한다. 천식 알레르기 모델은 급성과 만성 천식으로 나누어 유도한다.

(1) 천식 모델 유도 및 확인

6~8주령 Balb/C계 마우스를 1주일간 안정시킨다. 급성천식 모델로 이용할 마우스와 만성천식 모델로 이용할 마우스를 각각 분리한 후, 급성천식 모델은 4시간과 24시간 모델로 다시 나눈다.

① 실험개시 첫 일주일 동안 2~3회에 걸쳐 PBS에 녹인 ovalbumin(OVA, 400 mg/mL)을 10% alum용액($KAl(SO_4)_2$, w/v in PBS)과 1:1로 섞어서 복강주사(100 μL)하여 감작(sensitization)한다.

② 2주 후 천식을 유발하기 위하여 급성천식 모델은 일주일 동안 3회, 만성천식 모델의 경우 6주간 18회 흡기(1% OVA PBS 용액을 분무하여 20분 동안 감작) 또는 마취 후 비강내 점적하는 방법(10 μg OVA in PBS 30 μL)으로 천식을 유발한다.

③ 대조군의 경우 OVA 대신 1% PBS를 이용한다.

④ 급성천식의 경우 마지막 OVA 또는 PBS 감작이 끝난 후 4시간 및 24시간 후에

조직을 채취한다. 만성천식 모델의 경우 마지막 감작 후 48시간에 조직을 채취한다.

⑤ 천식유발 확인은 혈중 IgE level 측정 및 폐조직의 H/E 염색을 통해 배상세포(goblet cell)의 빈도와 혈관의 크기 등을 관찰하여 확인한다.

3) 천식 관련 지표

① 혈중 IgE level 측정
② H&E 염색을 통해 goblet cell의 빈도와 혈관의 크기 등을 관찰
③ 기관지 폐포세척액(bronchoalveolar lavage fluid, BALF)에서의 사이토카인(cytokine)과 면역글로블린 측정

9. 암

1) 정의

암(cancer)은 정상세포와 달리 미분화된 상태로 무제한의 증식을 하는 암세포들이 종괴 또는 종양을 형성하는 것을 말한다. 궁극적으로는 주위의 정상조직 또는 기관을 파괴시키고 다른 조직이나 기관으로 전이하는 질환군을 총칭한다.

2) 동물 모델

(1) 유전자변이 모델

유전자변이(transgenic) 모델은 발암과정과 관련한 초기의 변화를 확인할 수 있고, 예방목적의 치료법과 발생 초기에 중재 가능한 방법의 검증이 가능하고 전이양상이 인체에서와 유사한 장점이 있으나 비용이 많이 든다.

(2) 이소이식(ectopic) 모델

실험동물의 피하에 암세포주나 환자로부터 얻은 암조직을 이식하는 방법이다.

이 모델은 신속, 간편, 재현 가능하며, 비교적 경제적이고 종양의 부하에 따른 시기나 조건을 변화시킬 수 있는 장점이 있다. 그러나 전이과정이 없고 치료법이 위양성(false positive)인 경우가 많은 단점이 있다.

(3) 동소이식(orthotropic) 동물 모델

암세포주나 발생한 암조직을 같은 종의 다른 장기에 직접 이식하는 동물 모델이다. 동소이식 모델은 실험에 능숙한 연구자가 필요하지만, 종양에 대한 반응, 전이과정에 대한 연구, 치료법의 검증, 암 절제 후의 조직 상태 및 미세전이 연구 등에 활용할 수 있는 장점이 있다.

3) 동물 모델 제작 방법

(1) 유전자변이(transgenic) 모델

각 실험 목적에 따라 적절한 유전자변이 종양 모델을 구입하여 사용한다.

(2) 이소이식(ectopic) 동물 모델(예 : 위암 이소이식 동물 모델)

① 위암세포주를 생후 8주된 누드마우스(BALB/c-nu mouse, 수컷)의 피하에 접종한다.

② 접종 방법은 $1 \times 10^6 \sim 10^7$ 종양세포를 0.1 mL PBS(phosphate buffered saline, pH 7.4)에 혼합하여 세포부유액을 만든 후, 누드마우스의 등 쪽 피하에 수행한다.

③ 세포주를 접종한 후 12주에 누드마우스를 안락사한 후 고형암을 절제한다.

(3) 동소이식(orthtropic) 동물 모델

동소이식 모델 1단계(1st passage, P1, 암컷)

① 고형암을 만들기 위해 위암세포주[고도 진행성 위암환자의 복수로부터 얻은 것으로, $1 \times 10^6 - 10^7$ 종양세포를 0.1 mL PBS(phosphate buffered saline, pH 7.4)에 혼합하여 만든 세포부유액]를 생후 8주된 누드마우스(BALB/c-nu mouse, 수컷)의 피하에 접종한다.

② 세포주를 접종한 후 12주에 누드마우스를 안락사한 후 고형암을 절제한다.

③ 오염을 막기 위해 무균 상태에서 고형암을 절제하여, 수술 전 허혈시간(ischemic interval)에 의한 조직 손상을 최소화하기 위해 절제된 조직은 즉시 Penicillin-Streptomycin(Penicillin 5000 units-streptomycin 5000 ug/mL, GibcoBRL)과 PBS를 1 : 50으로 혼합한 용액에 담아 저온 보관한다.

④ 동소이식을 위해 종양내 괴사 부분과 암 주변의 정상 조직을 제거한 후 직경 3 mm 크기의 절편을 만들어 이용한다.

동소이식 모델 2단계(2nd passage, P2, 암컷)

1단계 동소이식 모델에서 얻어진 고형암을 생후 7주된 암컷 누드마우스의 위벽 장막하층에 이식한다.

① 마취 후 베타딘과 알코올을 이용하여 복벽을 소독한 다음, 좌상 복부에 약 1 cm 크기의 피부절개를 시행하고 복벽근층과 복막을 노출시킨다.

② 개복 후 간의 좌엽 후방에 위치한 위를 복강 밖으로 꺼내어 수술 시야를 넓힌다.

③ 위의 하부 대만 측 장막을 26 G 바늘로 절개하여 장막하층을 노출시킨 후 준비된 신선 암조직 절편을 장막하층에 위치시킨 후 6~0 봉합사(vicryl)로 고정한다.

④ 동소이식 후 종양표면이 복벽절개부에 접촉되지 않도록 복강내로 넣은 후 4~0 봉합사를 이용하여 피부를 봉합한다.

⑤ 이식 후 매일 실험동물의 상태를 관찰하고 수술 후 2주째부터 주 2회 체중과 이식된 종양의 증식 여부를 8~12주까지 관찰 기록한다.

10. 뇌허혈

1) 정의

뇌졸중은 허혈성 뇌졸중과 출혈성 뇌졸중으로 나뉘는데, 허혈성 뇌졸중의 빈도가 더 많다. 허혈성 뇌졸중(뇌허혈, ischemic stroke 또는 cerebral infarction)은 뇌혈관이 막혀서 뇌조직에 혈액공급이 되지 않아 생기는 병변이다. 혈전에 의해 혈관이 점

점 좁아져 생기는 혈전성 뇌경색(thrombotic infarction), 대혈관에서 생긴 혈전이 혈관 속을 흐르다가 소혈관을 막는 색전성 뇌경색(embolic infarction), 고혈압에 의해 뇌내 동맥이 손상되어 막히는 열공성 뇌경색(lacunal infarction)이 있다.

2) 동물 모델

뇌허혈은 크게 전뇌허혈(global ischemia) 모델과 국소뇌허혈(focal ischemia) 모델로 나뉜다. 저체온에서는 뇌허혈이 잘 유발되지 않으므로 체온유지가 중요하다.

(1) 전뇌허혈

랫트를 이용하는 4-VO(4-vessel occlusion)법과 모래쥐(Mongolian gerbil)를 이용하는 2-VO(2-vessel occlusion)법이 있다. 이 중 2-VO법이 간단하게 시행할 수

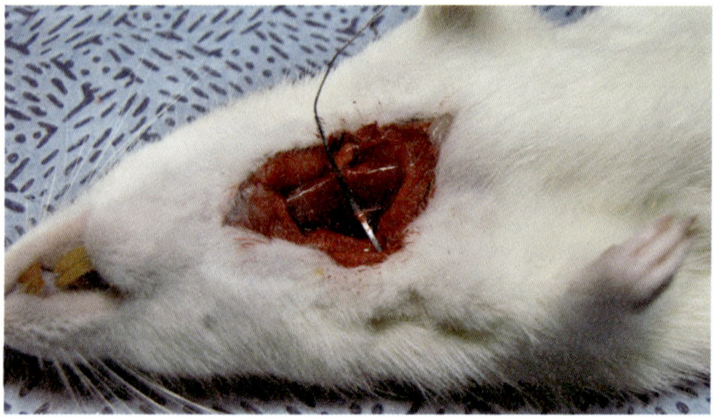

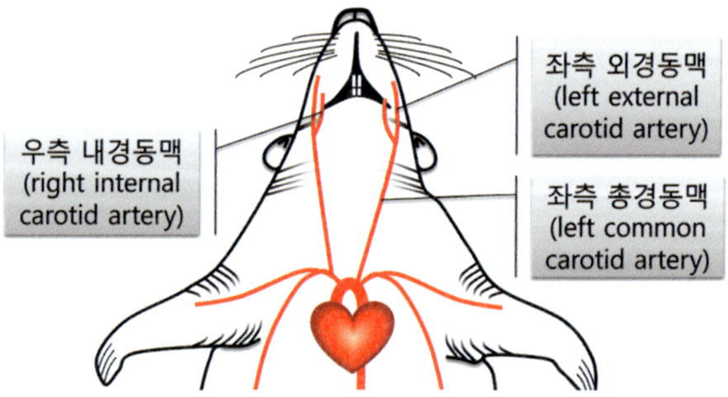

그림 6-2 • 경동맥결찰법 : 실험 중 동맥이 파열되면 피가 사방으로 튀므로 주의해야 한다.

있는데 예를 들면, 60~80 g의 수컷 모래쥐의 양측 총경동맥(common carotid artery)을 클립으로 4~5분간 결찰하여 허혈을 유발한다(경동맥결찰법은 그림 6-2 참조).

(2) 국소뇌허혈

몸무게 250~300 g 수컷 랫트(Sprague-Dawley계)를 일과성(transient, 2시간 허혈 후 재관류) 중대뇌동맥허혈(middle cerebral artery occlusion, MCAO) 모델을 만드는데 수술법이 어렵고 번거롭다.

(3) 기타 모델

그 외 뇌에 콜라겐분해효소(collagenase)를 주사하여 출혈을 일으켜 만드는 뇌출혈 모델도 있다.

3) 뇌허혈 관련 지표

(1) 전뇌허혈(global ischemia) 관련 지표

전뇌허혈 동물 모델은 뇌의 해마 부위만 선택적으로 파괴되는 뇌허혈 모델이다. 따라서 해마 부위의 기능에 해당하는 공간지각의 학습과 기억을 평가하는 실험 방법을 선택하여야 한다. 대표적인 것으로 수중미로검사(water maze test) 등이 있다.

수중미로검사

원형으로 된 수조(대개 지름 1.5 m, 높이 0.5 m)에 물을 넣고 물속을 볼 수 없게 분유 등을 물에 넣는나. 물속에 보이지 않게 지름 10 cm 정도의 도피대를 설치한다. 실험동물을 자유롭게 수영하게 하여 수영을 적응시키고 도피대를 찾아 위에 올라가 쉴 수 있게 놓아둔다. 이를 5일 동안 하루에 4번 이상 도피대의 위치를 찾을 수 있도록 훈련시킨다. 훈련 시 모든 4분면(수조를 상하좌우로 나누어)에서 무작위로 출발하도록 한다. 도피대의 위치는 고정하여 이동하지 않게 하고, 수영하는 실험동물에게 방향을 알 수 있도록 실험실 내 물품의 위치도 이동하지 않는 것이 중요하다. 5일간의 훈련 중 도피대를 찾는 시간을 측정하는데 만약 60초 내에 찾지 못했다면 실험자가 도피대로 인도한 후 잠시 쉴 수 있게 놓아둔다. 5일간의 훈련이 모두 끝나고 24

시간 후에 도피대를 제거한 후 60초간 자유롭게 수영하게 하여 도피대가 있던 4분면에 머무는 시간 등 항목을 측정한다.

(2) 국소뇌허혈(focal ischemia) 관련 지표

대뇌반구 중 한쪽 반구 중앙에 커다란 경색 부위를 만드는 모델이다. 따라서 증상도 반신불수 등 유사한 감각 장애 및 운동 장애 증상이 나타난다. 검사 항목은 신경학적 검사 외에 운동기능검사도 수행한다.

신경학적 검사

0에서부터 5까지 5단계로 평가하는 Longa가 제안한 검사법이 있다.

판정기준
0 : 정상
1 : 환측 앞다리를 쉽게 뻗지 못하여 어렵게 뻗으려고 하는 경우
2 : 환측 앞다리를 전혀 뻗지 못하는 경우
3 : 환측으로 가볍게 도는 경우
4 : 환측으로 심하게 도는 경우
5 : 환측으로 넘어지는 경우

그 외 간단하게 측정할 수 있는 방법으로 감각운동기능을 평가하는 테이프검사법(tape test)이 있다. 앞발 양쪽에 1 cm 테이프를 각각 붙이고 테이프를 인지하고 건드릴 때까지의 시간을 측정하고 왼발, 오른발 테이프를 뗄 때까지의 시간을 각각 2회 측정한다.

운동기능검사

회전하는 원통 위에서 강제로 걷게 하고 떨어질 때까지 시간을 측정하여 운동기능을 평가하는 로타로드시험법(rotarod test)이 있다. 기본적으로 긴 회전원통을 회전속도를 일정하게 혹은 서서히 증가시켜 동물이 떨어질 때까지 걸리는 시간을 측정하여 평가한다. 계속 반복하여 측정하는 경우에는 운동학습능력검사도 수행할 수 있다.

11. 퇴행성 뇌질환(치매 및 파킨슨병)

1) 파킨슨병

(1) 정의

파킨슨병(Parkinson disease)은 알츠하이머병 다음으로 두 번째로 가장 흔한 퇴행성 신경질환으로서, 행동지연증(서동증, bradykinesia), 강직(rigidity)과 안정시 경련(resting tremor)과 같은 여러 운동 장애를 특징으로 한다. 이는 중뇌 흑질(mesencephalic substantia nigra)의 치밀층(pars compacta)의 도파민성 신경세포의 진행성 퇴행을 수반하며, 이로 인한 선조체의 도파민(striatal dopamine) 감소로 인해 발생한다.

(2) 동물 모델

파킨슨병 유발 동물 모델에는 크게 MPTP, 6-OHDA, rotenone, paraquat, 유전자 변이(transgenic) 동물 모델 등이 있다.

MPTP(1-methyl-4-phenyl-1,2,3,6-tetrahydropyridine)를 이용한 동물 모델

모델 유발이 간편하여 가장 많이 쓰이지만, 파킨슨병 환자에서 보이는 운동 장애와 다소 차이가 있고, 실험동물 종에 따라 그 손상 정도의 차이가 크다는 단점이 있다.

가. 급성 모델(acute model)

C57BL/6 마우스에 MPTP 15~30 mg/kg을 하루에 4번, 2시간 간격으로 복강(i.p.) 주사한다. 주사 후 일반적으로 72시간 후에 도파민성 신경세포 손상을 관찰할 수 있다.

나. 아만성 모델(subchronic model)

C57BL/6 마우스에 MPTP 15~30 mg/kg/day로 5일간 하루에 1번씩 복강주사한다. 주사 후 일반적으로 72시간 후에 도파민성 신경세포 손상을 관찰할 수 있다.

다. 만성 모델(chronic model)

① C57BL/6 마우스에 osmotic mini-pump에 필요량의 MPTP를 주입하여 피하에 삽입하는 수술을 한 후, 30 mg/kg/day의 속도로 28일간 체내로 방출되도록 한다.

② 적정량의 MPTP를 osmotic mini-pump에 주사기를 이용하여 주입한 후 마취된 동물의 등 부위를 절개한다.

③ 포셉을 이용하여 피부와 근육 사이의 피하 공간(subcutaneous space)을 확보하고, MPTP가 주입된 펌프를 삽입한 후 절개 부위를 봉합한다. 28일이 지난 후에 펌프를 제거한다.

> *Tip* MPTP는 사람에게도 파킨슨병을 유발하므로 특히 주의하여야 하며, 모든 실험준비 과정은 후드 안에서 진행되어야 한다.

편측 6-OHDA(6-hydroxydopamine)를 이용한 동물 모델

6-OHDA은 카테콜아민(catecholamine)을 분비하는 신경세포를 선택적으로 파괴한다. 중뇌흑질 및 선조체, 중간 전뇌 신경로(middle forebrain bundle)에 주사함으로써 도파민 신경세포를 선택적으로 파괴하므로 파킨슨병의 모델로 사용되어 왔다.

가. 실험 방법

① Sprague-Dawley 랫트(250~300 g)를 사용한다.

② 6-OHDA는 일반적으로 2 μg/μL의 농도(0.2 mg/mL ascorbic acid가 첨가된 0.9% 생리식염수, 빛 차단 용기에 보관)로 준비한다.

③ 마취 상태에서 외이도의 뼈 부분에 귀 고정 장치를 단단히 고정한 후, 뇌정위술 장치(stereotaxic frame)에 머리를 고정한다.

④ 랫트의 우측 두개골에 전기드릴로 천공하여 약물 주입 부위를 노출시킨다.

⑤ 6-OHDA 주입 부위는 실험자의 목적에 따라 다소 달라질 수 있다. 주로 실험자들이 이용하는 부위는 선조체(striatum), 흑질치밀층(SNpC), 중간 전뇌 신경로(middle forebrain bundle)이고, 어느 부위의 도파민성 신경세포 손상을 주느냐에 따라 주입 위치는 달라진다.

⑥ 해밀턴 주사기(Hamilton syringe ; 10 μL, 26 G)로 일정량의 6-OHDA를 분당 1 μL의 속도로 원하는 위치로 3분에 걸쳐 서서히 주입하고, 주입 후 1분간 기다렸다가 분당 1 mm의 속도로 주사바늘을 빼낸다.

⑦ 약물 주입 후 두개골의 구멍은 골 시멘트(bone cement)로 밀봉하고, 절개된 두피는 봉합한다.

⑧ 수술 후 약 2시간 정도 관찰하여 호흡 상태가 양호하고 마취에서 회복되면 쥐 사육실로 옮겨 처치 전과 동일한 조건에서 사육한다.

로테논(rotenone)을 이용한 동물 모델

① Rotenone은 콩과식물 데리스의 뿌리에서 얻어지는 살충성분으로 불수용성이며 사람과 가축에는 해가 없는 것으로 밝혀져 해충 구제약으로 이용되었다. 동남아시아에서는 물고기를 잡을 목적으로 뿌리, 줄기, 잎을 찧어서 하천, 연못에 넣거나, 화살 독성분으로 이용되었다.

② 지방 친화성이 매우 높아 혈액-뇌 장벽(blood-brain barrier)을 쉽게 통과하고, 세포내 미토콘드리아 콤플렉스-1(mitochondria complex-1)을 억제하여 ATP 생성 억제 및 산화적 손상을 일으켜 흑질 선조체의 도파민 신경세포에 매우 선택적인 세포사멸을 일으킨다. 또한 루이체 양상(Lewy bodies like)의 세포체내 봉입체(intracellular inclusion body) 생성 등을 포함한 사람의 파킨슨병 임상증상과 비슷한 양상을 나타내어, 파킨슨병 병인 연구에 많이 사용되는 모델이다.

③ Rotenone을 주입하는 방법은 일정량의 rotenone을 osmotic mini-pump에 담아 피하(subcutaneous)로 주입하는 방법과 정맥내(i.v.)로 주입하는 방법, 또는 매일 복강내(i.p.)로 주입하는 방법 등이 있고, 대부분 4주 이상의 약물 주입 기간을 가져야 하는 것으로 알려져 있다. 여기에서는 osmotic mini-pump를 이용하여 장기간 주입하는 것에 대해 알아본다.

■ 실험 방법

- 수컷 Lewis 랫트(250~300 g)를 사용한다.
- Rotenone은 50% DMSO, 50% ethylen glycol에 용해한다.
- 1.5~3 mg/kg/day의 rotenone을 5주간 주입할 수 있는 osmotic mini-pump에 주사기를 이용하여 주입한다.
- 포셉을 이용하여 등 부위의 피부와 근육 사이 피하 공간(subcutaneous space)을 확보하고, rotenone이 주입된 osmotic mini-pump를 삽입한 후, 절개 부위를 봉합한다. 일정기간이 지난 후에 펌프를 제거한다.

2) 치매

(1) 정의

① 치매(dementia)란 일상생활을 수행하는 데 필요한 인지 능력의 후천적 퇴화로 정의한다. 대부분 치매환자의 인지 능력의 손상은 기억상실(memory loss)과 더불어 언어, 시공간 능력(visuospatial ability), 계산력, 판단력, 문제해결 능력과 같은 지적 능력의 손상이 함께 동반된다. 또한 치매의 많은 경우에서 우울, 퇴행, 환각, 망상, 심한 격정, 불면증, 탈억제(disinhibition)와 같은 정신과적 문제를 갖게 되고, 점진적으로 인격 붕괴를 가져온다.

② 치매의 경과는 일반적으로 진행성이고, 종류로는 알츠하이머병(Alzheimer disease), 혈관성 치매(vascular dementia), 전두 · 측두엽 치매(frontotemporal dementia), 픽병(Pick's disease), 노인성 치매, 독성 치매 등이 있다.

③ 병리적 특징으로 기저전뇌 영역의 콜린성 뉴런의 손상과 편도체, 해마, 대뇌 피질에 콜린성 섬유의 위축 및 베타-아밀로이드 단백질로 이루어진 노인성반(senile plaque)과 신경섬유 농축제(neurofibrillary tangle)의 양상을 보인다.

④ 여러 가지 치매의 발병 양상으로 동물 모델은 다양할 수 있으나, 실제로 사람에서 나타나는 치매의 특징적인 성향을 보여주는 모델의 확립은 쉽지 않다. 크게 노화 동물 모델, 약물 동물 모델이 있고, 최근에는 알츠하이머병의 유전자 변이(transgenic) 모델이 있다.

⑤ 여기서는 일반적인 치매의 가장 큰 특징인 기억손상을 가져오는 약물 모델과 유전자 변형 모델에 대해 소개한다.

(2) 약물유발 기억손상 동물 모델

스코폴라민(scopolamine)을 이용한 모델

① Scopolamine은 아세틸콜린(acetylcholine) 무스카린성 수용체의 길항제로 학습과 기억(learning and memory) 실험에 보편적으로 사용하는 약물이다.

② Scopolamine을 0.3~3 mg/kg의 용량으로 생리식염수에 희석한 후, 급성 기억손상 실험을 할 경우에는 행동실험을 하기 15~30분 전에 복강내로 주사한다.

③ 1, 3, 7, 14, 28일 전에 복강내로 주사하기도 하는데, 이는 실험자의 의도에 따라 약물주입 시간이 달라질 수 있다.

④ 실험자에 따라 약물주입 경로나 투약 용량을 달리 사용하여, 1 mg/kg의 용량으로 피하(s.c.)로 주사하는 방법도 있다.

이보텐산(ibotenic acid)을 이용한 모델

① Ibotenic acid는 독버섯류에서 발견된 강력한 흥분성 신경전달물질의 효현제(agonist)로 실험상으로 신경계 독성유발을 유도할 때 흥분성 신경 독소로 사용되는 약물이다.

② Ibotenic acid를 4 ug/μL의 농도로 인공뇌척수액(artificial CSF)이나 0.1 M pH 7.4 PBS에 용해한 후, 뇌 정위법(stereotaxic)을 이용하여 medial septum 또는 해마 등에 0.02 μL/min의 속도로 서서히 5분간 주입한 후 5분간 그대로 기다린 후 주사바늘을 빼낸다.

β-아밀로이드(β-amyloid, Aβ)를 이용한 모델

① 알츠하이머병의 가장 유력한 병인론은 β-amyloid 전구단백(amyloid precursor protein, APP)이 정상세포 내에서 합성되어 성숙된 후 세포막 표면에 이르면 α-세크레타아제(α-secretase)에 의하여 세포막 표면에서 떨어진 후 수용성 APP가 되어 분해되지만, 만일 이 APP가 β-secretase나 γ-secretase에 의하여 분해되면 β-amyloid가 되어 아밀로이드 원섬유(amyloid fibril)로 구성된 불용성의 아밀로이드가 축적되어 발생한다고 알려져 있다.

② β-amyloid의 조각(fragment of β-amyloid)은 매우 다양하고, 그 중에서 1-42, 25-35, 25-42가 신경세포에 독성을 가진 것으로 알려져 있다. 예전에는 β-amyloid 조각을 그대로 뇌실이나 해마 부위로 주입했으나, 최근에는 이들을

응집형(aggregation form)으로 만든 후에 뇌내로 주입하는 방법을 주로 이용한다.

③ 최근에는 β-amyloid와 ibotenic acid를 함께 주입하는 방법이 시도되고 있는데, 심각한 학습 · 기억 장애를 가져와 알츠하이머병의 좋은 동물 모델로 제시되고 있다.

■ 실험 방법(예 1)

1-42 β-amyloid(4 ug/μL)를 멸균 증류수에 녹인 후 응집형(aggregation form)이 되도록 37℃ 항온기에 4일간 둔다. 약 10~12주령의 랫트를 마취한 후에 정위기(stereotaxic)로 β-amyloid를 주입한다. 응집된 β-amyloid 용액은 해밀턴 주사기(26 G)를 이용하여 정위법(stereotaxic)으로 양편 등 쪽 해마(dorsal hippocampus) 부위에 주입한다.

■ 실험 방법(예 2)

25-35 β-amyloid(5 ug/μL)를 멸균 증류수에 1 mg/mL의 농도로 녹여 37℃ 항온기에 4일간 보관하여 응집되도록 한다. 응집된 β-amyloid를 약하게 마취된 마우스의 뇌실내로 서서히 20초 동안 주입한다. 인디언 잉크를 주입하여 주입 부위를 확인한다.

(3) 유전자 변이 모델

최근에는 알츠하이머병 관련 유전자들이 밝혀짐에 따라, 인간 염색체 1, 14, 19, 21번에 위치한 유전자 변형 동물 모델들이 많이 개발되었다. Amyloid precusor protein(APP), presenilin 1(PS-1), presenilin 2(PS-2), apolipoprotein E(ApoE), tau protein 등이 관련되며 그 종류에는 transgenic heterozygous TgCRND8 mice, Tg2576(HuAPPsw), APP/PS-1, APPV717I, P301L tau transgenic mice, Tet/GSK-3β O/E, VLW mice (FTDP-17 mutations) 등이 있다(표 6-5).

표 6-5 • 타우 단백질(Tau protein)의 유전자 변형 동물 모델

프로모터	Tau 동형단백질	돌연변이	종명
hThy1	4R-tau (2N)	Wild-type	ALZ7
mHMG-CoAR	3R-tau (0N)	Wild-type	TG23
mPrP	3R-tau (0N)	Wild-type	htau44
mThy1.2	4R-tau (2N)	Wild-type	htau40
mThy1.2	4R-tau (2N)	Wild-type	ALZ17
mPrP	3R-tau (2N)	P301L	JNPL3
mThy1.2	4R-tau (2N)	P301L	pR5
mPrP-TA	4R-tau (2N)	G272V	pR3
mPDGF	4R-tau (2N)	V337M	Tg214
CaMKII	4R-tau (2N)	R406W	
mThy1.2	4R-tau (0N)	P301S	
Tα1 α-tubulin	3R-tau (0, 1, 2N)	Wild-type	Tα1-3RT

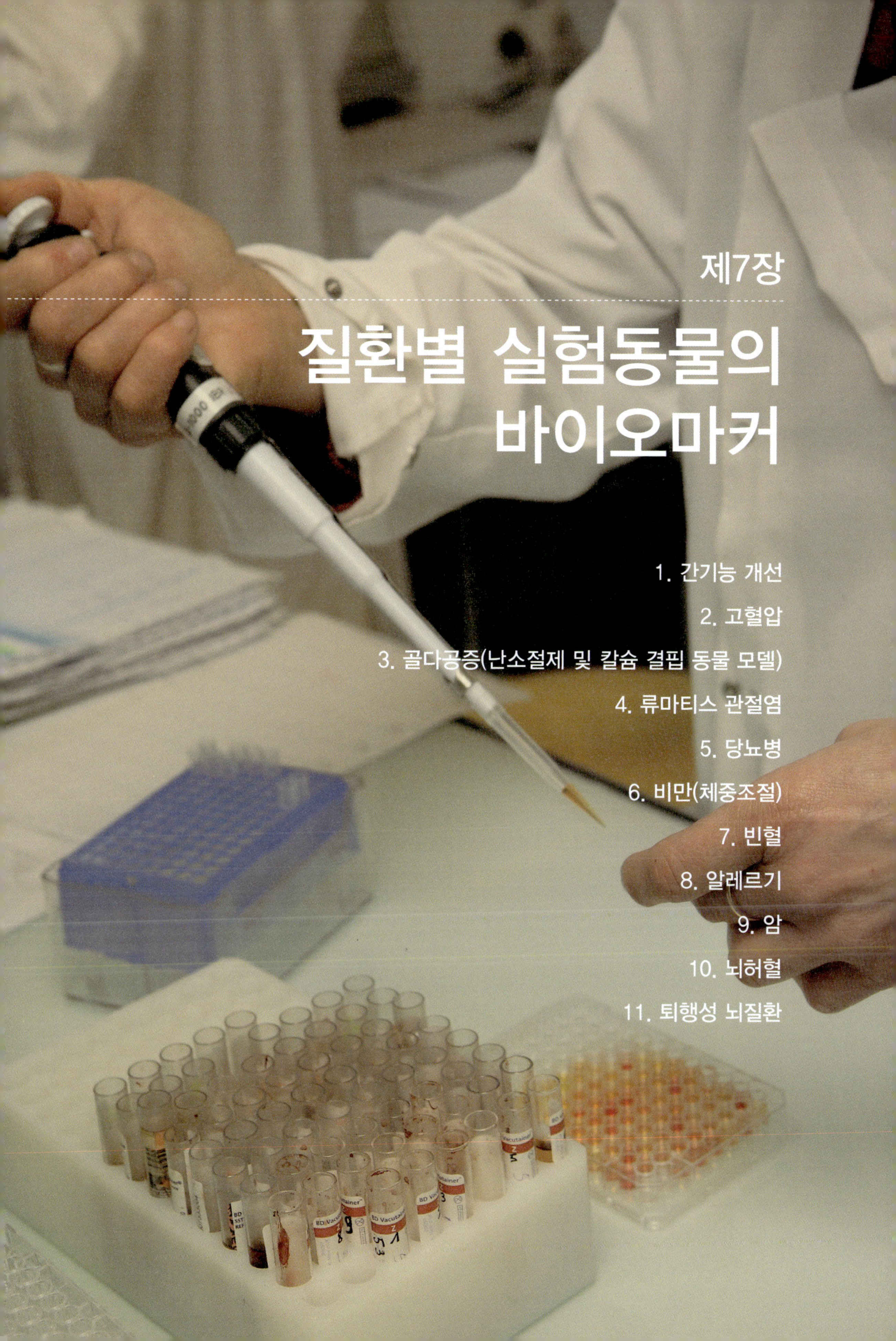

제7장

질환별 실험동물의 바이오마커

1. 간기능 개선
2. 고혈압
3. 골다공증(난소절제 및 칼슘 결핍 동물 모델)
4. 류마티스 관절염
5. 당뇨병
6. 비만(체중조절)
7. 빈혈
8. 알레르기
9. 암
10. 뇌허혈
11. 퇴행성 뇌질환

CHAPTER 7

질환별 실험동물의 바이오마커

생명체가 병이 나면 질병의 상태를 객관적으로 나타낼 수 있는 지표를 측정하게 되는데 그 지표를 바이오마커(biomarker)라 한다. 따라서 바이오마커란 인체의 정상 또는 병적인 상태, 식품이나 약물에 대한 반응 정도를 객관적으로 측정해 줄 수 있는 지표로 정의된다. 이러한 바이오마커는 질병에 따라 다양하게 나타나며 이를 이용하면 맞춤형의 질병예방 및 치료가 가능하다.

1. 간기능 개선

구분		바이오마커
혈액내 효소	담즙 분비 손상 지표	Alkaline phosphatase(ALP) 5'-nucleotidase(5'-NT) γ-glutamyl transpeptidase(γ-GT)
	세포독성에 의한 간 손상 지표	Glutamic pyruvic transaminase(GPT, ALT) Glutamic oxaloacetic transaminase(GOT, AST) Lactic dehydrogenase(LDH) Ornithine carbonoyl transferase(OCT) Sorbitol dehydrogenase(SDH)
간 배설 기능		Bromosulfophtalein(BSP) retention 시험 : 간기능 이상의 검출에서 많이 쓰이는 지표. 혈액으로부터의 염료 배설이 간기능 이상일 때 지연되므로 염료를 정맥투여한 후 혈장 중의 BSP 농도를 측정

(계속)

구분	바이오마커
간 배설 기능	혈액으로부터 bilirubin의 제거 및 bilirubin을 담즙으로 배설시키는 간 능력 측정
간의 화학적 성분변화	간 지방, 콜레스테롤, 지질과산화, 지질과산화물, 항산화효과 등을 측정

2. 고혈압

구분	바이오마커
염증 관련 지표	hs-CRP : 염증 관련 질환의 지표인 hs-CRP는 최근 고혈압 및 이와 관련된 심혈관계 질환의 발생 예측 지표로 선정
혈전 형성 지표	호모시스테인 : 호모시스테인은 혈관벽을 파괴시켜 혈전을 형성하고 이는 고혈압, 관상동맥 질환 등 혈관 질환에 관여
혈압 관련 지표	레닌-안지오텐신계 : 안지오텐신 전환효소(angiotensin converting enzyme, ACE)

hs-CRP : high-sensitivity C-reactive protein

3. 골다공증(난소절제 및 칼슘 결핍 동물 모델)

구분	바이오마커
골 형성 지표	Serum osteocalcin Serum alkaline phosphatase(ALP) Serum carboxy terminal propeptide of type 1 procollagen Urinary nondialyzable hydroxyproline Growth hormone
골 흡수 지표	Urinary total and dialyzable hydroxyproline Serum tartrate-resistant acid phosphatase(TRAP) Urinary hydroxylysine glycosides Urinary pyridinoline/deoxypyridinoline crosslinks Parathyroid hormone(PTH) Calcitonin Vitamin D Estrogen

4. 류마티스 관절염

구분	바이오마커
임상적 지표	부종억제율 측정
연골조직 염색	대퇴의 내측과 외측의 관절 연골조직을 염색하여 연골세포의 비율측정
혈액학적 검사	총단백질 Rheumatoid factor 정량 hs-CRP

hs-CRP : high-sensitivity C-reactive protein

5. 당뇨병

구분	바이오마커
혈당	금식 혈장혈당(Fasting plasma glucose) 식후 혈장혈당(2h-plasma glucose) 내당능검사(Glucose tolerance test, GTT) Oral glucose tolerance test(OGTT) Intravenous glucose tolerance test(IVGTT) Intraperitoneal glucose tolerance test(IPGTT)
Glycated hemoglobin	Plasma hemoglobin A1c
Insulin	금식 혈장 insulin 금식 혈장 C-peptide
β-세포기능 (β-cell function)	세포생활성(viability) 세포/조직 인슐린 함유도 세포/조직 인슐린 합성능(insulin mRNA)
Glucose transporter	GLUT-2 GLUT-4
당 소화 · 흡수 (α-glucosidase)	α-glucosidase 활성억제 정도 측정

GLUT : glucose transporter

6. 비만(체중조절)

<table>
<tr><th colspan="2">구분</th><th>바이오마커</th></tr>
<tr><td colspan="2">지방 소화 · 흡수</td><td>Pancreatic lipase 활성
Triglyceride absorption rate
Acylglycerol metabolites
Chylomicron–triglyceride
Fecal lipids</td></tr>
<tr><td rowspan="6">체지방 축적</td><td>지방축적</td><td>Lipoprotein lipase(LPL)</td></tr>
<tr><td rowspan="2">지방합성</td><td>관련 효소(활성, 단백질, mRNA)
• Glucose–6–phosphate dehydrogenase
• Citrate synthase
• ATP citrate lyase
• Malic enzyme
• Aconitase
• Acetyl CoA carboxylase(ACC)
• Fatty acid synthetase(FAS)</td></tr>
<tr><td>Malonyl CoA
TCA cycle metabolites
Lipogenesis rate</td></tr>
<tr><td rowspan="3">지방세포</td><td>Adipocyte differenciation</td></tr>
<tr><td>Adipocyte 크기/수</td></tr>
<tr><td>Adipocyte lipid deposition</td></tr>
<tr><td rowspan="5">에너지 소비</td><td rowspan="5">지방분해</td><td>• Glycerol release
• Free fatty acid</td></tr>
<tr><td>cAMP 농도</td></tr>
<tr><td>관련 효소(활성, 단백질, mRNA)
• Adenylate cyclase
• Hormone sensitive lipase(HSL)
• cAMP phosphodiesterase
• Acyl CoA synthetase(ACL)
• Carnitine palmitoyltransferase(CPT)
• Acyl–CoA dehydrogenase
• Acyl–CoA oxidase
• Enoyl–CoA hydratase
• 3–Hydroxyacyl–CoA dehydrogenase
• Thiolase
• Δ3,Δ2–Enoyl–CoA isomerase
• 2,4–Dienoyl–CoA hydratase</td></tr>
<tr><td>Fat oxidation rate</td></tr>
<tr><td>Fat metabolites</td></tr>
</table>

(계속)

구분		바이오마커
에너지 소비	열생성	Uncoupling protein(UCP)
	에너지 소비량	Energy expenditure Respiratory quotient Basal metabolic rate
에너지 대사조절	분비호르몬	Leptin Adiponectin AMPK
	전사인자	PPARs SREBP C/EBPs
	자가사멸	Mature adipocyte apopotosis
체지방 정도		체중(증가량) BMI 허리둘레 허리-엉덩이둘레 비율(WHR) 체지방량, 체지방 분포

PPARs : peroxisome proliferator-activated receptors

SREBP : sterol regulatory element-binding protein

C/EBPs : CCAAT-enhancer-binding proteins

BMI : body mass index

WHR : waist-hip ratio

7. 빈혈

바이오마커	비고
Hemoglobin	각종 빈혈 진단 지표
Red blood cell(RBC)	
Platelet	
Mean corpuscular volume(MCV)	초기에 적혈구는 정상 크기와 색상(정구성, 정색소성)이지만 빈혈이 진행되면서 적혈구는 정상에 비해 작아지고(소구성) 옅은색을 띄게(저색소성) 됨
Mean corpuscular hemoglobin(MCH)	
Mean corpuscular hemoglobin concentration (MCHC)	
Iron	철 결핍 관련 빈혈 진단 측정 지표
Transferrin saturation(TSAT)	
Ferritin	

8. 알레르기

구분	바이오마커
In vitro	히스타민 및 hexosaminidase
	T세포 증식
	lipoxygenase의 생성량
	사이토카인
In vivo	전신성 알레르기반응, 국소성 알레르기반응(PCA)
	혈장 중 히스타민과 염증성 사이토카인 및 IgE 함량
	DNFB에 의한 접촉성 과민반응(귀 부종법)
	SRBC에 의한 DTH(족척 두께 증가법)
인체임상	Prick test 혈액 histamine 함량 혈액 IgE 혈액 사이토카인 함량

PCA : passive cutaneous anaphylaxis
DNFB : dinitrofluorobenzen
SRBC : sheep red blood cells
DTH : delayed-type hypersensitivity

9. 암

구분	바이오마커	사용기법	비고
유전자 바이오마커	BRCA-1/BRCA-2	DNA 염기서열 분석	유방암 발병 가능성과 치료 예후 관찰
	염색체 손상	• Comet assay • Micronuoleus assay	급성 백혈병 진단과 발병 가능성
	Osteopontin		난소암의 진단과 예후 관찰
	Ras 유전자 돌연변이	• Short oligonucleotide mass anaylsis • PCR primer introduced restriction with enrichment for mutant alleles	결정암과 폐암의 발병 가능성
	Her-2/neu	• Fluorescent in situ hybridization • PCR	유방암 치료 예후 관찰

(계속)

구분	바이오마커	사용기법	비고
유전자 바이오마커	Glutathione S-transferase	PCR restriction fragment-length polymorphism	유방암과 전립선암의 발병 가능성 및 치료 예후 관찰
	Cytochrome P-450 돌연변이	DNA 염기서열 분석	유방암과 전립선암의 발병 가능성 및 치료 예후 관찰
	Methylation markers (RASSF1A, TWIST, cyclin D2, HIN1)	Methyl-specific PCR	유방암 진단
단백질 바이오마커	PSA	Immunoassay	전립선암의 진단 및 치료 예후 관찰
	CA-125	Immunoassay	난소암의 진단 및 치료 예후 관찰
	Cancer antigen-19	Immunoassay	췌장암과 결장암의 진단 및 치료 예후 관찰
	Caroinoembryonic antigen	Immunoassay	유방암, 결장암, 폐암의 진단 및 치료 예후 관찰
	단백질 profiling	SELDI, MALDI	다양한 암조직
	EGFR	Immunoassay	폐암의 치료 예후
	Haptoglobin	IHC, Immunoassay	유방암, 결장암, 폐암의 진단 및 치료 예후 관찰
대사물질 바이오마커	Cotinine	High-performance chromatography	폐암 인자 노출 검사
	1-Hydroxypyrene	High-performance chromatography	폐암 인자 노출 검사
	Aflatoxin M1	High-performance chromatography	간암 인자 노출 검사
	Deoxynivalenol	Mass spectrometry	식도암 인자 노출 검사
	Lysophosphatidic acid	Mass spectrometry	난소암 진단, 치료 예후
메타볼로믹 바이오마커	메타볼로믹 profiling	1H NMR spectroscopy	난소암의 초기진단
	포도당의 stable isotope-based dynamic metabolic profiling		췌장암 치료약 개발 및 치료 예후

BioWave 7(13), 2005

SELDI : surfaced enhanced laser desorption/ionization

MALDI : matrix-assisted laser desorption/ionization

10. 뇌허혈

Triphenyltetrazolium chloride(TTC) 염색을 통한 경색(infarct) 측정

11. 퇴행성 뇌질환

1) 파킨슨 질환

구분	바이오마커
생화학적 지표	선조체(Striatum)의 DOPAC/Dopamine 양
조직학적 지표	면역조직 화학염색 • Tyrosine hydroxylase(TH)에 염색되는 도파인세포 수 측정

2) 치매

구분	바이오마커
신경생화학적 지표	ChAT, AchE, glutamate, 도파민 분비 측정
행동학적 지표	공간학습능력 : Morris water maze 검사 명시적 기억능력 검사 : Passive avoidance test 작업(단기기억) 검사 : Radial arm maze 검사

ChAT : choline acetyltransferase

AchE : acetyl choline esterase

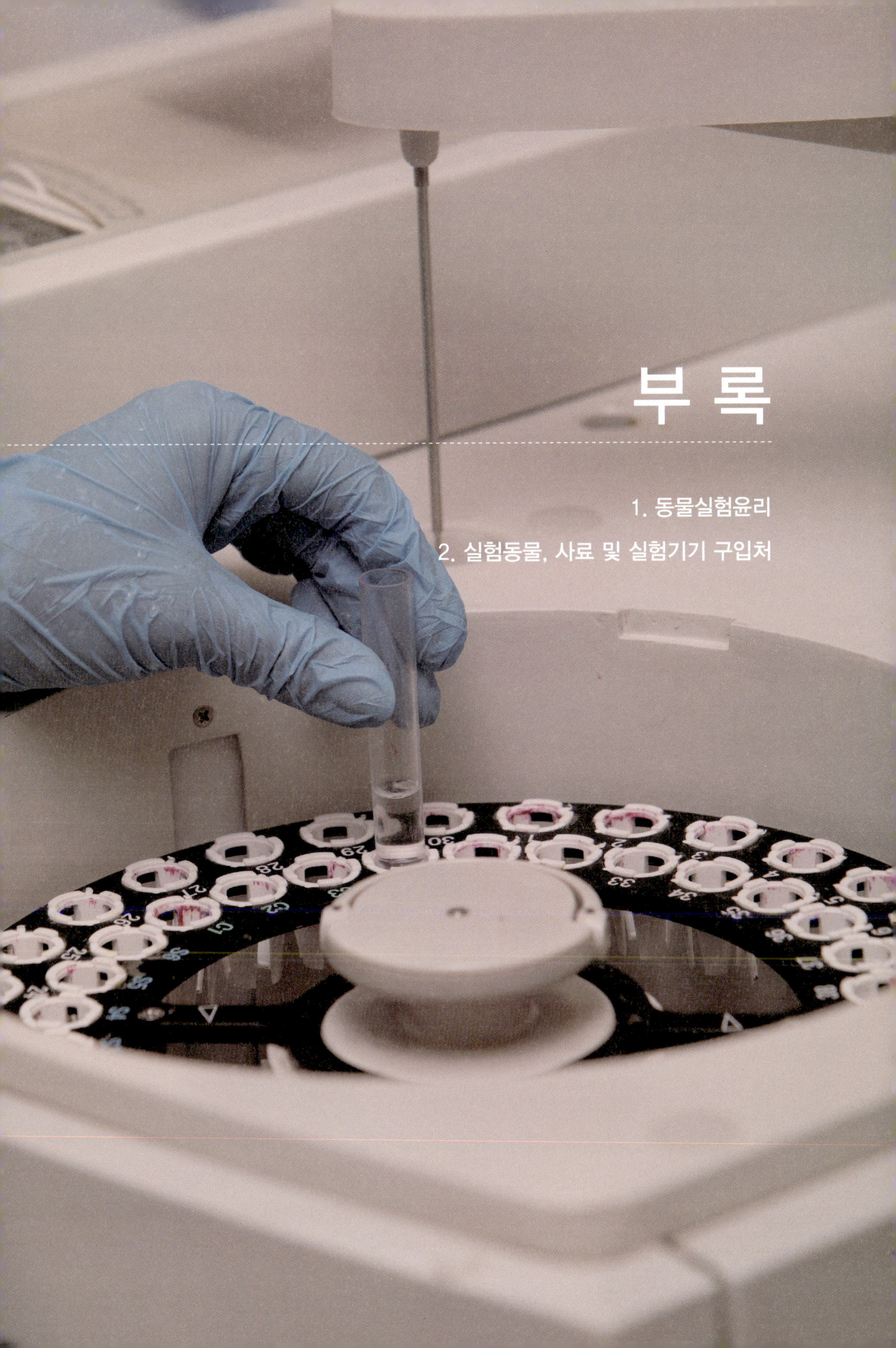

부 록

1. 동물실험윤리
2. 실험동물, 사료 및 실험기기 구입처

부록 1

동물실험윤리

모든 동물실험은 실험동물의 윤리성, 안전성 및 신뢰성 등을 확보하고 동물실험에 사용되는 실험동물의 보호와 윤리적 취급을 도모하기 위하여 윤리적인 동물실험이 될 수 있도록 최선을 다해야 한다.

1. 동물실험윤리위원회

모든 동물실험은 실험을 수행하기 전에 「동물보호법」(2011.8.4.) 및 「실험동물에 관한 법률」(2010.1.18.)에 의하여 동물실험을 수행하는 기관이나 시설에서는 무분별한 동물실험을 억제하고 동물보호와 윤리적 취급을 도모하기 위해 각 기관에 설치되어 있는 '동물실험윤리위원회'에 동물실험승인신청서를 제출하여야 하며, 위원회의 승인을 받은 후 실험을 개시하여야 한다.

2. 동물실험윤리위원회의 기능

1) 동물실험 계획의 윤리적, 과학적 타당성의 심의 및 승인
2) 실험동물의 생산 · 도입 · 관리 · 실험 · 이용과 사후처리의 적절성 여부
3) 동물실험의 관련자 및 종사자의 교육훈련 등에 대한 확인 및 평가
4) 동물실험 시설의 운용실태의 확인 및 평가
5) 기타 실험동물의 윤리적인 취급을 도모하기 위하여 위원장 등이 부의하는 사항

3. 동물실험계획서의 심의 검토 사항

1) 동물의 복지 고려 여부
2) 동물의 고통 및 불안 최소화를 위한 방법 또는 대체 방법의 적절성

3) 동물 사용의 이유와 대상 동물의 종 및 수의 적절성

4) 연구자의 관련 지식 및 교육 훈련 여부

5) 동물의 고통 감소 방안 및 안락사 방법의 적절성

6) 불필요하거나 동물의 상태를 악화시킬 수 있는 작업의 유무

7) 무균적 수술 진행 및 수술 전·후 관리에 대한 수의학적 기법의 활용 여부

8) 동물에 적합하며 연구자의 안전을 고려한 실험시설의 구비 여부

9) 유해물질을 이용한 동물실험의 적정성에 관한 사항

10) 기타 동물실험의 윤리성과 과학성에 관련한 사항

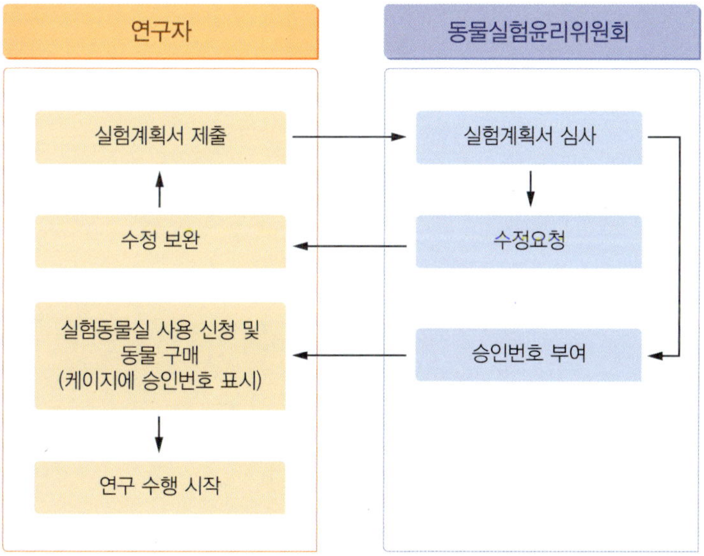

그림 1 • 동물실험윤리 심의 절차

부록 2

실험동물, 사료 및 실험기기 구입처

나라바이오텍 www.narabio.co.kr

서울시 강남구 청담동 71-22 나라빌딩

☎ 02-3440-3100, 031-654-3085

대종기기산업 www.daejonglab.co.kr

서울시 도봉구 쌍문1동 509-1 백운빌딩 2층

☎ 02-993-2777

두열바이오텍 www.dybiotech.co.kr

서울시 서초구 양재동 153 성보프라자 107

☎ 02-575-6598

샘타코 www.samtako.com

경기도 오산시 서랑동 77-1

☎ 031-372-3600

성우라이프사이언스 www.sungwools.com

경기도 의정부시 의정부2동 560-5

☎ 02-985-7471

오리엔트바이오 www.orient.co.kr

경기도 성남시 갈마치로 322

☎ 031-730-6000

정도 비앤피 www.jeungdo.co.kr

서울시 노원구 하계동 250-3 하계테크노타운 B동 703호

☎ 02-952-8214~6

중앙실험동물 www.labanimal.co.kr

서울시 서초구 우면동 64번지 은석빌딩 5층

☎ 02-3461-5255

피드랩 www.efeed.co.kr

경기도 구리시 교문동 406번지

☎ 031-565-6084

[참고문헌]

식품의약품안전청. 건강기능식품 기능성 평가 가이드, 2004(2012)

동물보호법(법률 제10995호, 2011.08.04.)

실험동물에 관한 법률(법률 제9932호, 2010.01.18.)

American Institute of Nutrition. Report of the American Institute of Nutrition ad hoc committee on standards for nutritional studies. *Journal of Nutrition* 107: 1340-1348, 1977

American Institute of Nutrition. Second report of the ad hoc committee on standards for nutritional studies. *Journal of Nutrition* 110: 1726, 1980

American Institute of Nutrition. AIN-93 purified diets for laboratory rodents: final report of the American Institute of Nutrition ad hoc writing committee on the reformulation of the AIN-76A rodent diet. *Journal of Nutrition* 123: 1939-1951, 1993

Chávez-Piña AE, Favari L, Castañeda-Hernández G. Pharmacokinetics of acemetacin and its active metabolite indomethacin in rats during acute hepatic damage and liver regreneration. *Annuals of hepatology* 8: 141-147, 2009

Waynforth HB, Flecknell PA. *Experimental and surgical technique in the rat*. 2nd edition, Academic press, San Diego, CA, USA, 1992

Loeb WF, Quimby FW. *The clinical chemistry of laboratory animals*. Pergamon Press, New York, NY, USA, 1989

Murray WJ, Fleming PJ. Defluorination of methoxyflurane during anesthesia: comparison of man with other species. *Anesthesiology* 37: 620-625, 1972

Rees DA, Alcolado JC. Animal mdoels of diabetes mellitus. *Diabetic Medicine* 22, 359-370, 2005

Zeman FJ. Hansen RJ. *Clinical nutrition and dietetics*. 2nd edition, Macmillan, London, UK, 1983

찾아보기

저자 소개

김혜경 Michigan State University 영양학과 이학박사
Harvard University 영양학과 연구원
Rutgers University 연구교수
현) 한서대학교 식품생물공학과 교수

정주호 경희대학교 의학과 의학박사
Cornell University 의과대학 방문교수
현) 경희대학교 의과대학 약리학교실 교수

강순아 Purdue University 식품영양학과 이학박사
경희대학교 의학영양학과 연구교수
가톨릭대학교 의과대학 통합의학교실 외래교수
현) 호서대학교 벤처전문대학원 융합공학과 교수

김연정 경희대학교 의과대학 의학과 의학박사
Cornell University, Weil School of Medicine 박사후 연구원
한서대학교 보건학부 전임강사
현) 경희대학교 간호과학대학 간호학과 교수

임강현 경희대학교 한의과대학 한의학박사
식품의약품안전청 중앙약사심의위원회 전문가
세명대학교 한방바이오산업 임상지원센터 부센터장
현) 세명대학교 한의과대학 본초학교실 교수

박히준 경희대학교 동서의학대학원 한의학 박사
Peiking University 의과대학 Neuroscience Research Institute 연구원
University of North Carolina at Chapel Hill, Carolina Asia Center 연구원
현) 경희대학교 한의과대학 경혈학교실 교수

김미자 동덕여자대학교 식품영양학과 이학박사
Ohio State University 식품공학과 연구원
동덕여자대학교 식품영양학과 겸임 · 초빙교수
현) 성균관대학교 생명공학연구소 선임연구원

알기쉬운 동물실험 가이드

2013년 2월 20일 초판 인쇄
2013년 2월 25일 초판 발행

지은이 김혜경 · 정주호 · 강순아 · 김연정
임강현 · 박히준 · 김미자

발행인 이 영 호

발행처 **수 학 사**

137-876 서울특별시 서초구 서초3동 1586-4

출판등록 1953년 7월 23일 No.16-10

전화번호 02) 584-4642(代) 팩스 02) 521-1458

http://www.soohaksa.co.kr

디자인 북큐브

값 21,000원

ISBN 978-89-7140-380-8 93590